国学经典

九章算术译注

曹纯 译注

上海三联书店

图书在版编目（CIP）数据

九章算术译注 / 曹纯译注 . —2 版 . —上海：
上海三联书店，2018.9
ISBN 978-7-5426-6340-5

Ⅰ．①九… Ⅱ．①曹… Ⅲ．①古算经－中国②《九章算术》
－译文③《九章算术》－注释 Ⅳ．① O112

中国版本图书馆 CIP 数据核字（2018）第 128611 号

九章算术译注

译　　注／曹　纯
责任编辑／程　力
特约编辑／张　莉
装帧设计／*Metis* 灵动视线
监　　制／姚　军
出版发行／上海三联书店
　　　　　（201199）中国上海市都市路 4855 号 2 座 10 楼
邮购电话／021-22895557
印　　刷／三河市延风印装有限公司
版　　次／2018 年 9 月第 2 版
印　　次／2018 年 9 月第 1 次印刷
开　　本／640×960　1/16
字　　数／151 千字
印　　张／23.5

ISBN 978-7-5426-6340-5/O · 3
定　价：30.80元

目 录

前　言

　　《九章算术》是传统中国乃至古代东方极其重要的数学著作,在西学东渐之前一直是中国与东亚国家的数学教科书,历千年而不衰。此书不明作者姓氏,而其中某些内容可上溯至先秦时期,据此或可认为此书为历代不断补充、更新、修订的"集体作品"。全书问题共分九类,故名《九章算术》。今传《九章算术》为西汉初年重编。成书后,历经刘徽、祖冲之父子、李淳风等大数学家的注释,以至于研读这些注释成为我们读懂该书的不二法门。

　　《九章算术》全书内容可简单概括如下:

　　第一章方田:论述不同形状田地面积的计算方法,并详细介绍了分数的加法、减法、乘法和除法法则。

　　第二章粟米:论述在商品交易过程中的折算方法,重点介绍了在折算过程中广泛应用的今有法则。

　　第三章衰分:介绍了在手工业和农业领域按比例分配的处理方法,详细讲解了衰分和返衰法则,涉及基础的数列知识。

　　第四章少广:论述方和圆的面积和体积的计算方法,并介绍了开平方和开立方法则的使用和演算,并涉及开圆和开立圆(球)的计算和应用。

　　第五章商功:论述土方工程中的体积计算,详细介绍了各种形状的土方的处理方法。

第六章均输：介绍了在赋税、服役等情况下合理负担的处理方法，并涉及一些相遇问题的解决方法。

第七章盈不足：介绍了盈亏问题的处理方法，详细讲解了双假设法的应用。

第八章方程：介绍了利用方程组解决实际问题的方法，详细讲解了线性方程组的解法，并提出了正负数的概念。

第九章勾股：介绍了利用勾股定理求解高度、长度等实际问题的方法。

在很长时间内，西方主流学术界一直认为东方(主要是中国)并没有真正意义上的数学，即没有一个严格的、成系统的公理化演绎体系，正如他们认为古代中国的哲思只是一些道德训诫，至多有一些思辨概念的萌芽。近代西风东渐以来，中国的知识分子因大的政经局势与民族富强动力使然，无暇深入探究中西致思方式内在、深刻的差异，就接受了西方学界的主流观念，认为研究中学的终南捷径在于掌握一整套来自于西方哲学与科学的概念范畴体系，以便把中学的某一学科(如数学、哲学、中医等)套入其间，以能入其窠臼为能事。这种研究、思考方式当然有其不可忽视的现实原因，但由于它完全不考虑，更不立足于中西方思维方式的内在差异，一味以中学向西学比附、看齐，最后只能是缘木求鱼，不得结果，或以己之短比人之长，以西学的思维模式湮没中学的致思方式。

这种研究中学的思考方式自近代以来发轫，至近些年为止仍未有根本的扭转。为今之计在于认真研读原典，努力接近和体会古人的致思方式。对于中国古代数学(算学)，我们尤应研读其本源之作《九章算术》。《九章算术》向我们昭示，中国古代的数学是一个完全不同于西方数学公理化演绎体系的自成系统的体系。在饱受西方数学训练的学人看来，中国古代数学似乎缺失一个严格、完整的从公理开始渐次推演、下降的逻辑体系。但这并不意味着古人缺乏创立这样体系的智能水平，而是他们并不追求这样的体系。西方科学继承了自古希腊而来的追根究底的形而上学冲动，其彻底的、反思的特质自有其庄严、动人之处，但其理论前提不断被质疑、冲击，又从反面说明了其试图以公理化的逻辑体系统摄一学科中全部现象的冲动，是一个"不可完成的任务"。而以《九章算术》为代表的中国古代数学，以西学的思维方式来看，似乎不太像科学意义上的"数学"，而有些近似于算术"游戏"。它的着力点完全不在于建立能够完全涵盖某一确定领域的抽象程度甚高的公理、定理、公式，而是在于具体情境中的"涵泳""玩味"。正如尤为体现中国式致思方式的围棋，其对于人类智能的要求与开掘，实不逊于哲学、数学、物理学等基础理论学科，但的确很难为其推导或总结出具有严格适用范围的公式、定理。其所谓"定式"不过只是在某一具体局部形势中目前发现的较为合理、有效的下法。一切有关围棋的智慧都发生在对当下具体形势的直观中。有时，它在某一范围内的贯通性，并非凭借抽象的公理、定理和公式，而

3

是对具体情境或形势的直觉能力。这种直觉力恰恰是在境域式的算术"游戏"中涵养濡育而成的。这种发生于境域中的直觉力直面一切具体而微的数学活动，在某种意义上比西方数学更能够进入到数学活动的本质深处。我们如果仔细研究《九章算术》，会看到它在数学上的创见当不止于发现了可与西方相比拟的勾股定理之类，而沿着这一中国独特的致思方式继续"玩味"下去，我们会在数学以及人类思想活动的诸基本领域内不断贡献出真正有价值的智慧成果。

本书为全本全译，以郭书春的《九章算术译注》(上海古籍出版社，"中国古代科技名著译注丛书")为底本。由于个人水平有限，其中不免有讹误之处，还请方家批评指正。

曹　纯

2014 年 8 月

《九章算术注》序

刘徽①

昔在庖牺氏始画八卦②，以通神明之德，以类万物之情，作九九之术③，以合六爻之变④。暨于黄帝神而化之⑤，引而伸之，于是建历纪⑥，协律吕⑦，用稽道原⑧，然后两仪四象精微之气可得而效焉⑨。记称"隶首作数"⑩，其详未之闻也。按：周公制礼而有九数⑪，九数之流，则《九章》是矣。往者暴秦焚书⑫，经术散坏。自时厥后，汉北平侯张苍、大司农中丞耿寿昌皆以善算命世⑬。苍等因旧文之遗残，各称删补。故校其目则与古或异，而所论者多近语也。

注释

①刘徽：魏晋期间伟大的数学家，中国古典数学理论的奠基者之一，著有《九章算术注》和《海岛算经》。

②庖牺氏：又称伏羲，为"三皇"之首。他与女娲婚配而产生人类。他们同被尊为人类始祖。始：开始，最初。八卦：我国古代的八种有象征意义的符号，组成《易》的基本图像。由阳爻和阴爻排列而成，每

三根爻组成一卦,其名称为:☰(乾),☷(坤),☳(震),☴(巽),☵(坎),☲(离),☶(艮),☱(兑)。

③九九之术:即九九乘法法则。古时由"九九"自上而下,而至"一一",故称"九九乘法"。

④六爻:为了表示更多的事物或现象,将八卦中的两卦按照一上一下的方式组合,构成"复卦"。复卦共有六个爻位,因此又称"六爻"。

⑤暨:至,到。黄帝:五帝之首,号轩辕氏。传说为中国远古时期华夏部落联盟的首领,华夏民族的始祖。

⑥历纪:历数纲纪。

⑦律吕:中国古代律制"十二律",又名"正律",简称"律吕"。

⑧稽:考核,计数。

⑨两仪:即阴、阳。四象:即太阴(水)、少阳(木)、少阴(金)、太阳(火)。

⑩隶首:黄帝史官,始作算数。后世以"隶首之学"指算学。

⑪周公:姓姬名旦,因封地在周,故称周公。西周初期杰出的政治家、军事家和思想家。礼:《周礼》,儒家经典。九数:指古代数学功课的九个细目。东汉的郑玄在他的《周礼注疏·地官司徒·保氏》中引郑司农(郑众)所言:"九数:方田、粟米、差分、少广、商功、

均输、方程、赢不足、旁要;今有重差、夕桀、勾股也。"

⑫暴秦焚书:公元前213年,秦始皇接受丞相李斯的建议,下令除《秦纪》、医药、卜筮、种树之书外,其他如百家语、《诗》《书》等书限期交官府烧毁。焚书事件对中华文化造成了极大的破坏。

⑬张苍:西汉丞相,曾校正《九章算术》,制定历法。大司农:汉代官名,负责掌管赋税、盐、铁、酒的制作专卖,漕运、调拨物资和国家财政。耿寿昌:西汉天文学家,理财家。汉宣帝时任大司农中丞,精通数学,修订《九章算术》。用铜铸造浑天仪观天象。著有《月行帛图》232卷,《月行度》2卷,今已佚。

译文

　　以前庖牺氏最先画出八卦,用来通达并获得天地神明的美好品质,模仿世间万物的情状。后来又作九九之术,来配合六爻的变化。直到黄帝神妙地将其变化引申,于是建立历法纲纪、调正音律,用来考察道的本原,而后两仪四象的精髓可以被获得并且效法。曾有记载说"隶首创立了算学",但我没有听说过其中的详细情节。按:周公制定礼乐制度,其中有九数,九数后来发展成《九章算术》。过去残暴的秦始皇焚书,造成经术散坏。后来,汉代的北平侯张苍、大司农中丞耿寿昌都以擅长算学闻名于世。张苍等根据旧时的残缺遗文,进行删减补充。

3

所以,它的目录与古代版本有些许不同,论述则多采用近代语言。

徽幼习《九章》,长再详览。观阴阳之割裂①,总算术之根源,探赜之暇②,遂悟其意。是以敢竭顽鲁,采其所见,为之作注。事类相推,各有攸归③,故枝条虽分而同本干知,发其一端而已。又所析理以辞,解体用图,庶亦约而能周④,通而不黩⑤,览之者思过半矣。且算在六艺⑥,古者以宾兴贤能⑦,教习国子⑧。虽曰九数,其能穷纤入微,探测无方。至于以法相传,亦犹规矩度量可得而共,非特难为也。当今好之者寡,故世虽多通才达学,而未必能综于此耳。

注释

①阴阳:古人为了解释自然界中各种对立又相关联的大自然现象,如天地、日月、昼夜、寒暑、男女、上下等,归纳出"阴阳"的概念。割裂:区别。

②赜:幽深,玄妙。

③攸:所。归:归属。

④周:周密。

⑤黩:过多。

⑥六艺:古代儒家要求学生掌握的六种基本才能,即
　礼、乐、射、御、书、数。

⑦宾兴:周代举贤之法。谓乡大夫自乡小学荐举贤能
　而宾礼之,以升入国学。兴,兴举。

⑧国子:公卿大夫的子弟。

译文

　　我幼年时学习《九章算术》,年长后又详细钻研。观察事物的正反区别,总结了算数的根源,在探索这些幽深玄妙的道理之余,逐渐领悟到其中的思想。于是冒昧地竭尽愚钝,收集我见到的资料,为它作注释。事物之间可以相互类推,分别有各自的归属。所以枝条虽然分离却具有同一个主干,原因是它们发于同一开端。再加上用文辞分析数理,用图形解释立体,就会使它简明且周密,通顺且不烦琐,阅读的人可以懂得一半以上的内容。算学属于六艺之一,古代用来兴举贤能之人和教育贵族子弟。虽然称为九数,却可以尽到极小极微,探索到无穷无尽。至于流传下来的方法,就像规矩度量一样存在而有共性,所以学习它并非很困难的事情。目前喜爱算学的人很少,所以世上虽然有很多学识渊博的人,却未必对它精通。

　　《周官·大司徒》职①,夏至日中立八尺之表②。

其景尺有五寸③,谓之地中。说云,南戴日下万五千里④。夫云尔者,以术推之。按:《九章》立四表望远及因木望山之术,皆端旁互见,无有超邈若斯之类。然则苍等为术犹未足以博尽群数也。徽寻九数有重差之名,原其指趣乃所以施于此也⑤。凡望极高,测绝深而兼知其远者必用重差、勾股,则必以重差为率,故曰重差也。立两表于洛阳之城,令高八尺。南北各尽平地,同日度其正中之时。以景差为法⑥,表高乘表间为实⑦,实如法而一,所得加表高,即日去地也⑧。以南表之景乘表间为实,实如法而一,即为从南表至南戴日下也。以南戴日下及日去地为勾、股,为之求弦,即日去人也。以径寸之筒南望日,日满筒空,则定筒之长短以为股率,以筒径为勾率,日去人之数为大股,大股之勾即日径也。虽夫圆穹之象犹曰可度,又况泰山之高与江海之广哉。徽以为今之史籍且略举天地之物,考论厥数,载之于志,以阐世术之美。辄造《重差》,并为注解,以究古人之意,缀于《勾股》之下。度高者重表,测深者累矩,孤离者三望,离而又旁求者四望。触类而长之,则虽幽遐诡伏⑨,靡所不入⑩。博物君子⑪,详而览焉。

注释

①《周官》:即《周礼》,儒家经典。大司徒:六官之一,管理土地及户口。职:掌管。

②表:测量日影的标杆。

③景yǐng:影。

④"说云"两句:郑玄《周礼注》中的文字。

⑤指趣:宗旨,意义。

⑥法:除数。

⑦实:被除数。

⑧去:距离。

⑨幽遐:僻远;深幽。诡伏:隐藏不露。

⑩靡:无。

⑪博物:通晓众物。

译文

《周礼》中规定大司徒的职责之一,就是在夏至日的正午立一根8尺长的标杆,将影长是1尺5寸的地方,定为大地的中心。《周礼注》中说,此刻太阳在南方15 000里处。这个结论可以由术推算出来。按:《九章算术》中有立四根标杆求距离和根据树木求山高的方法,都是在近处设参照物相对应,还没有距离这么遥远的。如此看来,张苍等人的计算方法不足以涵盖所有的数学方法。

我发现九数中有"重差"这一项目,它原本的宗旨是为了解答这类问题。凡是测量极高、极深又求它们的远近距离的情况,必须用重差、勾股。由于要以两次直角边相当边的差数作为率,所以称为"重差"。在洛阳城立两根标杆,高8尺,使它们处于南北方向的同一水平面上。同一天正午的时候测量它们的影长。以它们的影长之差作为除数,标杆的高度乘标杆间的距离作为被除数,被除数除以除数,所得之数加上标杆的高度,即为太阳到地面的距离。以南标杆的影长乘标杆间的距离为被除数,除数不变,所得即为南标杆到太阳直射处的距离。分别以南标杆到太阳直射处的距离和太阳到地面的距离作为勾、股,求得的弦即为太阳到人的距离。以直径1寸的竹筒向南观望太阳,阳光充满竹筒内的空间。以筒的长度为股率,筒的直径为勾率,太阳到人的距离为大股,与大股相对应的勾即为太阳的直径。即使是天象都可以测量,更何况是泰山的高度和江海的宽度呢。我认为当今的史籍已经有了一些对天地间事物的记录,并且考论它们的数量,记载在志书中,展示了世间算学的美妙。于是我写《重差》,并为之作注解,以探究古人的本意,附于《勾股》之后。测量高度用两根标杆,测量深度用多次矩尺,对孤立的测量点需要观测三次,对孤立且要求解决其他问题的需要观测四次。如果触类旁通,即使问题深远隐秘,也没有不能解决的。博学的君子们,请仔细阅读这本书吧。

卷第一 方田

魏 刘徽 注

唐朝议大夫行太史令上轻车都尉臣李淳风等奉敕注释①

方田② 以御田畴界域③

今有田广十五步，纵十六步。问：为田几何？

答曰：一亩。

又有田广十二步，纵十四步。问：为田几何？

答曰：一百六十八步。图：纵十四，广十二。

方田术曰：广纵步数相乘得积步。此积谓田幂。凡广纵相乘谓之幂。臣淳风等谨按：经云"广纵相乘得积步"，注云"广纵相乘谓之幂"，观斯注意，积幂义同。以理推之，固当不尔。何则？幂是方面单布之名，积乃众数聚居之称。循名责实，二者全殊。虽欲同之，窃恐不可。今以凡言幂者据广纵之一方；其言积者举众步之都数。经云相乘得积步，即是都数之明文。注云谓之为幂，全乖积步之本意。此注前云积为田幂，于理得通。复云谓之为幂，繁而不当。今者注释存善去非，略为料简④，遗诸后学。**以亩法二百四十步除之，即亩数。百亩为一顷**。臣淳风等谨按：此为篇端，故特举顷、亩二法。余术不复一言者，从此可知。一亩田，广十五步，纵而疏之，令为十五行，即每行广一步而纵十六步。又横而截之，令为十六行，即每行广一步而纵十五步。此即纵疏横截之步，各自为方。凡有二百四十步。为一亩之地，步数正同。以此言之，即广纵相乘得积步，验矣。二百四十步者,亩法也。百亩者,顷法也。故以除之,即得。

注释

①李淳风:唐代天文学家、数学家,曾注释《九章算术》及刘徽注。在注释《九章算术》少广章开立圆术时,引用了祖暅提出的球体积的正确计算公式,介绍了球体积公式的理论基础,即"祖暅原理"。

②方田:长方形的田。

③御:治理。

④料简:选择;拣择。

译文

方田(刘徽注:用来确定农田的边界范围。)

现有田宽 15 步,长 16 步。问:田的面积是多少?

答:1 亩。

又有田宽 12 步,长 14 步。问:田的面积是多少?

答:168 步^2。[刘徽注:图(此图已佚。图 1 – 1 为李潢《九章算术细草图说》中的补图):长 14,宽 12。]

长方形田面积法则:宽与长的步数相乘得积步。(刘徽注:这个积称为田的幂。凡是长宽相乘就称为幂。李淳风注:《九章算术》说"宽与长的步数相乘得积步",刘徽注说"长宽相乘就称为幂"。观察注的意思,积与幂意义相同。但是按理推导,应该不是这样的。为什么呢?

幂是长方形朝单一方向移动所得图形,积却是数累积的结果。根据名称考虑,两者完全不同。若把它们看成相同的,我认为是不可以。现在说到幂都是指具有宽、长边的长方形,说到积都是指步的总数。《九章算术》说"相乘得积步",就是明确地说明了是数的积累。刘徽注说"相乘就称为幂",违背了步数乘积的本意。注的前半段说"这个积称为田的幂"基本合理,后半段说"凡是长宽相乘就称为幂",却是又烦琐又不恰当。如今作注释应该保留正确的,去掉错误的,稍作选择,供后世学子参考。)以亩的换算法则240步²除积步,即为亩数。100亩为一顷。(李淳风注:这里是本书的开端,所以特意举出亩和顷的换算法则。后文就不再重复列举了。1亩田,宽15步,纵向分为15行,每行宽1步长16步。再把它横截,分为16行,每行宽1步长15步。这样纵分和横截后,各自形成正方形,共240步²。1亩田地,步²数和正方形数相同。于是,宽、长的步数相乘得积步,得到验证。240步²是亩的换算法则,100亩是顷的换算法则。用它们来除积步,便可得到结果。)

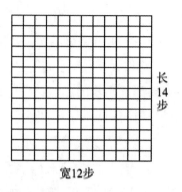

长
14
步

宽12步

图 1−1

今有田广一里^①,纵一里。问:为田几何?

答曰:三顷七十五亩。

又有田广二里,纵三里。问:为田几何?

答曰:二十二顷五十亩。

里田术曰:广纵里数相乘得积里。以三百七十五乘之,即亩数。按:此术广纵里数相乘得积。方里之中有三顷七十五亩,故以乘之,即得亩数也^②。

注释

①里:我国长度单位。秦汉时期,1 里为 300 步。

②"方里之中有三顷七十五亩"三句:1 方里 = 1 里×1

里 = 300 步×300 步 = 90 000 步² = $\frac{90\,000}{240}$ 亩 = 375

4

亩 = 3 顷 75 亩。

译文

现有田地宽 1 里,长 1 里。问:田的面积是多少?

答:3 顷 75 亩。

又有田地宽 2 里,长 3 里。问:田的面积是多少?

答:22 顷 50 亩。

长方形田(方里为面积单位)法则:宽和长的里数相乘得积里。以 375 与它相乘,即为亩数。(刘徽注:宽、长的里数相乘得积里。1 方里有 3 顷 75 亩,以它与积里相乘,得到亩数。)

今有十八分之十二。问:约之得几何?

答曰:三分之二。

又有九十一分之四十九。问:约之得几何?

答曰:十三分之七。

约分按:约分者,物之数量,不可悉全,必以分言之。分之为数,繁则难用。设有四分之二者,繁而言之,亦可为八分之四;约而言之,则二分之一也。虽则异辞,至于为数,亦同归尔。法实相推,动有参差①,故为术者先治诸分。术曰:可半者半之;不可半者,副置分母、子之数,以少减多,更相减损②,求其等也。以等数约之。等数约之,即除也。其所以相减者,皆等数之重叠,故以等数约之。

注释

①参差:不齐的样子。

②更相减损:更相减损法则。更相,相互。

译文

现有分数$\frac{12}{18}$。问:将它约简,得多少?

答:$\frac{2}{3}$。

又有分数$\frac{49}{91}$。问:将它约简,得多少?

答:$\frac{7}{13}$。

约分(刘徽注:约分的原因是物品的数量不可能全部是整数,这时必须用分数表示。分数作为一个数来说,如果太烦琐就难用。例如$\frac{2}{4}$,烦琐的表示形式有$\frac{4}{8}$,简约的表示形式有$\frac{1}{2}$。虽然表示形式不同,但数值上是相同的。分母分子互相推算,经常有不同的情况,所以计算前要先进行约分。)法则:分母分子如果可约简为一半的,就约简为一半。不能约简为一半的,在旁边计算分母分子,大数减小数,反复相减,直到求出它们的等数。用等数约简这个分数。(刘徽注:用等数约简,就是除。它们反复相减的原因是它们都是等数的重叠。所以需要用等数约简它们。)

今有三分之一,五分之二。问:合之得几何?

答曰:十五分之十一。

又有三分之二,七分之四,九分之五。问:合之得几何?

答曰:得一、六十三分之五十。

又有二分之一,三分之二,四分之三,五分之四。问:合之得几何?

答曰:得二、六十分之四十三。

合分臣淳风等谨按:合分知,数非一端,分无定准,诸分子杂互,群母参差。粗细既殊①,理难从一。故齐其众分②,同其群母,令可相并,故曰合分。术曰:母互乘子,并以为实,母相乘为法③。母互乘子,约而言之者,其分粗;繁而言之者,其分细。虽则粗细有殊,然其实一也。众分错难,非细不会。乘而散之,所以通之。通之则可并也。凡母互乘子谓之齐,群母相乘谓之同。同者,相与通同共一母也。齐者,子与母齐,势不可失本数也。方以类聚,物以群分。数同类者无远,数异类者无近。远而通体知,虽异位而相从也;近而殊形知,虽同列而相违也。然则齐同之术要矣。错综度数,动之斯谐④,其犹

卷第一 方田

7

佩觿解结⑤,无往而不理焉。乘以散之,约以聚之,齐同以通之,此其算之纲纪乎。其一术者,可令母除为率,率乘子为齐。**实如法而一。不满法者,以法命之。**今欲求其实,故齐其子,又同其母,令如母而一。其余以等数约之,即得知。所谓同法为母,实余为子,皆从此例。**其母同者,直相从之。**

注释

①粗细:数值大小。

②齐:调整。

③母互乘子,并以为实,母相乘为法:假设两个分数 $\dfrac{b}{a},\dfrac{d}{c}$。分数加法法则:$\dfrac{b}{a}+\dfrac{d}{c}=\dfrac{bc+ad}{ac}$。

④谐:商量好,办妥。

⑤觿xī:古代一种解结的锥子。用骨、玉等制成。也用作佩饰。

译文

现有 $\dfrac{1}{3},\dfrac{2}{5}$。问:它们的和是多少?

答:$\dfrac{11}{15}$。

又有 $\dfrac{2}{3},\dfrac{4}{7},\dfrac{5}{9}$。问:它们的和是多少?

答:$1\dfrac{50}{63}$。

又有 $\frac{1}{2},\frac{2}{3},\frac{3}{4},\frac{4}{5}$。问:它们的和是多少?

答:$2\frac{43}{60}$。

分数加法(李淳风注:分数的加法,数不同,分法也不同,分子、分母参差错杂。数值大小既然不一样,理论上讲很难统一。所以调整所有分数,使它们分母相同,再将它们相加,称为合分。)法则:分母互乘分子,相加的和作为被除数,分母相乘作为除数。(刘徽注:分母互乘分子,简约地表示,分数单位大;烦琐地表示,分数单位小。虽然分数单位大小不同,但就数值来说是一样的。分数的表示错杂且难处理,不将数值化小很难计算。相乘使分数单位散开,分母相通。相通就可以作加法。凡是分母互乘分子称为齐,各分母互乘称为同。同,是使分数相通,拥有共同的分母。齐,是分子根据分母作调整,同时保证数值不变。各种方法根据类别会合在一起,事物根据共性相聚成群。同类的数不会相差很远,异类的数不会特别相近。相差远但相通的数,虽然位置不同却可以合并;相近但形态不一致的数,即使处于同一行列也相互违背。可见齐同法则是很重要的。数学运算虽然错综复杂,但只要使用法则就可以处理好,就像用觿解结,没有不能理清的。乘使数散开,约使数相聚,齐同使数相通,这就是算法的纲领啊!另一个法则:以分母除以各分母之积作为率,用率分别乘对应的分子作为齐。)被除数除以除数。如果被除数不满除数,就用除数为分母,余数为分子组成一个分数。(刘徽注:现在为了得到被除数,要先齐分子、同分母,然后用分母分别相除,其余的数用等数约简,得到结果。通常按照规定:相同的除数作为分母,被除数的余数作为分子。)其中分母相同的情况,就直接把它们相加。

今有九分之八,减其五分之一。问:余几何?

答曰:四十五分之三十一。

又有四分之三,减其三分之一。问:余几何?

答曰:十二分之五。

减分臣淳风等谨按:诸分子、母数各不同,以少减多①,欲知余几,减余为实,故曰减分。术曰:母互乘子,以少减多,余为实②。母相乘为法。实如法而一。"母互乘子"知,以齐其子也,"以少减多"知,齐故可相减也。"母相乘为法"者,同其母。母同子齐,故如母而一,即得。

注释

①以少减多:以小减大,即从较大的数中减去较小的数。

②母互乘子,以少减多,余为实:假设两个分数 $\frac{b}{a}$,$\frac{d}{c}$。

分数减法法则：$\dfrac{b}{a} - \dfrac{d}{c} = \dfrac{bc-ad}{ac}$。

译文

现有$\dfrac{8}{9}$，减去$\dfrac{1}{5}$。问：剩余多少？

答：$\dfrac{31}{45}$。

又有$\dfrac{3}{4}$，减去$\dfrac{1}{3}$。问：剩余多少？

答：$\dfrac{5}{12}$。

分数减法(李淳风注：各分数的分子、分母皆不同，从大数中减去小数，要想知道剩余多少，将相减的余数作为被除数，这就是分数的减法。)法则：分母互乘分子，从大数中减去小数，余数作为被除数。分母相乘作为除数。被除数除以除数。(刘徽注："分母互乘分子"的目的，是使分子相齐，"以小减大"，是因为分子相齐才可以相减。"分母相乘作为除数"的目的，是使它们的分母相同。分母相同、分子相齐后，余数除以分母，得到结果。)

今有八分之五，二十五分之十六。问：孰多？多几何？

答曰：二十五分之十六多，多二百分之三。

又有九分之八，七分之六。问：孰多？多几何？

答曰：九分之八多，多六十三分之二。

又有二十一分之八，五十分之十七。问：孰多？多几何？

答曰：二十一分之八多，多一千五十分之四十三。

课分[1]臣淳风等谨按：分各异名，理不齐一，校其相多之数，故曰课分也。术曰：母互乘子，以少减多，余为实，母相乘为法，实如法而一，即相多也。臣淳风等谨按：此术母互乘子，以少分减多分。按：此术多与减分义同。唯相多之数，意共减分有异：减分知，求其余数有几；课分知，以其余数相多也。

注释

①课：按一定规程检验、考核。

译文

现有 $\frac{5}{8}$，$\frac{16}{25}$。问：哪个大？大多少？

答：$\frac{16}{25}$ 大，大 $\frac{3}{200}$。

又有 $\frac{8}{9}$，$\frac{6}{7}$。问：哪个大？大多少？

答：$\frac{8}{9}$ 大，大 $\frac{2}{63}$。

又有 $\dfrac{8}{21}$，$\dfrac{17}{50}$。问:哪个大? 大多少?

答: $\dfrac{8}{21}$ 大，大 $\dfrac{43}{1\,050}$。

分数比较(李淳风注:分数数值各不相同,理论上也不整齐。比较它们间相差多少,这就是分数的比较。)法则:分母互乘分子,从大数中减去小数,余数作为被除数,分母相乘作为除数,被除数除以除数,得到相差的数。(李淳风注:本法则分母互乘分子后,从较大的分数中减去较小的分数。刘徽注:本法则与分数减法法则的意义大部分相同,只有相差的数,意义与减法法则不同:减法法则求出余数是多少,分数比较法则将余数作为相差的数。)

今有三分之一,三分之二,四分之三。问:减多益少,各几何而平?

答曰:减四分之三者二,三分之二者一,并,以益三分之一,而各平于十二分之七。

又有二分之一,三分之二,四分之三。问:减多益少,各几何而平?

答曰:减三分之二者一,四分之三者四,并,以益二分之一,而各平于三十六分之二十三。

平分 臣淳风等谨按:平分者,诸分参差,欲令齐等,减彼之多,增此之少,故曰平分也。**术曰:母互乘子**[①],齐其子也。**副并为平实**[②]。臣淳风等谨按:母互乘子,副并为平实知,定此平实主限,众子所当损益知,限为平。**母相乘为法**[③]。"母相乘为法"知,亦齐其子,又同其母。**以列数乘未并者各自为列实**[④]。**亦以列数乘法**。此当副置列数除平实。若然则重有分,故反以列数乘同齐。臣淳风等谨又按:问云所平之分多少不定,或三或二,列位无常。平三知,置位三重;平二知,置位二重。凡此之例,一准平分不可预定多少,故直云列数而已。**以平实减列实,余,约之为所减。并所减以益于少。以法命平实,各得其平。**

注释

① 母互乘子:假设三个分数 $\dfrac{b}{a}, \dfrac{d}{c}, \dfrac{f}{e}$,分子化为 bce, dae, fac。

② 副并为平实:平实为 $bce + dae + fac$。

③ 母相乘为法:除数为 ace。

④ 列数:问题中的分数的个数,假设为 3。列实为 $3bce + 3dae + 3fac$。

译文

现有 $\dfrac{1}{3}, \dfrac{2}{3}, \dfrac{3}{4}$。问:减大的数,加到小的数上,各加减多少得到平均数?

答：$\frac{3}{4}$减去$\frac{2}{12}$，$\frac{2}{3}$减去$\frac{1}{12}$，把它们相加，加到$\frac{1}{3}$上，各得平均数$\frac{7}{12}$。

又有$\frac{1}{2}$，$\frac{2}{3}$，$\frac{3}{4}$。问：减大的数，加到小的数上，各加减多少得到平均数？

答：$\frac{2}{3}$减去$\frac{1}{36}$，$\frac{3}{4}$减去$\frac{4}{36}$，把它们相加，加到$\frac{1}{2}$上，各得平均数$\frac{23}{36}$。

分数平均(李淳风注：分数平均法则，各分数参差不一，要想使它们齐等，减去大数的一部分，加到小数上，这就是分数平均。)法则：分母互乘分子，(刘徽注：使分子相齐。)相加之和作为平实。(李淳风注：分母互乘分子，相加之和作为平实，是确定这个平实为主要界限，各分子根据这个界限判断应当减少或增加，从而达到平均数。)分母相乘作为除数。(刘徽注："分母相乘作为除数"，是使分子相齐，分母相同。)未相加的分子乘以列数各自作为列实。同时除数乘以列数。(刘徽注：应当在旁边布置列数除平实。这样的话可能会产生繁分数，所以反而以列数乘同齐。李淳风注：问题中所要取平均数的分数个数不固定，有时三个有时两个，列数不固定。求平均数的分数有三个，就布置三个；求平均数的分数有两个，就布置两个。凡是这样的问题，求平均数的分数不能预定，所以法则中就直接说是列数了。)列实减去平实,余数,与除数约简作为各分数应当减去的数。减去的数相加之和加到小的分数上。平实除以除数,得到各自的平均数。

解析

如 $\frac{1}{3}$, $\frac{2}{3}$, $\frac{3}{4}$。分子乘分母,得 $12, 24, 27$。平实是 63。分母相乘作为除数,除数为 36。列数为 3。列实为 $36, 72, 81$。除数乘以列数得 108。有 $36 < 63$, $72 > 63$, $81 > 63$,列实减去平实,分别得 $9, 18$。则应减去的分数为 $\frac{9}{108} = \frac{1}{12}$, $\frac{18}{108} = \frac{2}{12}$。应加上的分数 $\frac{1}{12} + \frac{2}{12} = \frac{3}{12}$,平均数 $\frac{1}{3} + \frac{3}{12} = \frac{7}{12}$。

今有七人,分八钱三分钱之一。问:人得几何?

答曰:人得一钱二十一分钱之四。

又有三人三分人之一,分六钱三分钱之一、四分钱之三。问:人得几何?

答曰:人得二钱八分钱之一。

经分[①] 臣淳风等谨按:经分者,自合分已下,皆与诸分相齐,此乃直求一人之分。以人数分所分,故曰经分也。术曰:以人数为法,钱数为实,实如法而一。有分者通之;母互乘子知,齐其子;母相乘者,同其母;以母通之者,分母乘全纳子[2]。乘,散全则为积分,积分则与分子相通之,故可令相从。凡数相与者谓之率。率知,自相与通。有分则可散,分重叠则约也。等除法实,相与率也。故散分者,必令两分母相乘法实也。重有分者同而通之。又以法分母乘实,实分母乘法[3]。此谓法,实俱有分,故令分母各乘全分纳子,又令分母互乘上下。

注释

①经:分割。

②全:整数。纳:纳入。

③以法分母乘实,实分母乘法:假设两个分数 $\dfrac{b}{a}$,$\dfrac{d}{c}$。

分数除法法则:$\dfrac{b}{a} \div \dfrac{d}{c} = \dfrac{b}{a} \times \dfrac{c}{d} = \dfrac{bc}{ad}$。

译文

现有7人,分 $8\dfrac{1}{3}$ 钱。问:每人分得多少?

答:每人分得 $1\dfrac{4}{21}$ 钱。

现有 $3\dfrac{1}{3}$ 人,分 $6\dfrac{1}{3}$ 钱、$\dfrac{3}{4}$ 钱。问:每人分得多少?

答:每人分得 $2\dfrac{1}{8}$ 钱。

分数除法(李淳风注：分数除法,从分数加法以下,全使分数相齐,这里只求每人分得多少。以人数分割所要分的数,这就是分数除法。)法则：以人数作为除数,钱数作为被除数,被除数除以除数。如果被除数或除数中含有分数,应先通分;(刘徽注：分母互乘分子使分子相齐,分母互乘使分母相同。用分母通分,分母乘以整数部分再并入分子部分。乘,使整数部分散开成为积分,积分与分子相通,因此才可以相加。凡是一组有关系的数称之为率。已知率相互之间应该相通。如果有分数就可以散开,分数有重叠可以约简。除数、被除数除以等数,得到相与率。所以散分,必然使两分母相乘除数和被除数。)如果被除数和除数都含有分数,使分母相同后再通分。(刘徽注：又以除数的分母乘被除数,被除数的分母乘除数。这就是除数、被除数都含有分数,所以使分母各自乘整数部分,并入分子后,再用分母互乘对方分子。)

今有田广七分步之四,纵五分步之三。问：为田几何?

答曰：三十五分步之十二。

又有田广九分步之七,纵十一分步之九。问：为田几何?

答曰：十一分步之七。

又有田广五分步之四,纵九分步之五。问:为田几何?

答曰:九分步之四。

乘分臣淳风等谨按:乘分者,分母相乘为法,子相乘为实,故曰乘分。术曰:母相乘为法,子相乘为实,实如法而一。凡实不满法者而有母、子之名。若有分,以乘其实而长之。则亦满法,乃为全耳。又以子有所乘,故母当报除。报除者,实如法而一也。今子相乘则母各当报除,因令分母相乘而连除也。此田有广纵,难以广谕。设有问者曰:马二十四,直金十二斤①。今卖马二十四,三十五人分之,人得几何?答曰:三十五分斤之十二。其为之也,当如经分术,以十二斤金为实,三十五人为法。设更言马五匹,直金三斤。今卖四匹,七人分之,人得几何?答曰:人得三十五分斤之十二。其为之也,当齐其金、人之数,皆合初问入于经分矣。然则"分子相乘为实"者,犹齐其金也。"母相乘为法"者,犹齐其人也。同其母为二十,马无事于同,但欲求齐而已。又,马五匹,直金三斤,完全之率;分而言之,则为一匹直金五分斤之三。七人卖四马,一人卖七分马之四。金与人交互相生,所从言之异,而计数则三术同归也。

注释

①直:值。

译文

现有田宽$\frac{4}{7}$步,长$\frac{3}{5}$步。问:田的面积是多少?

答:$\dfrac{12}{35}$步²。

又有田宽$\dfrac{7}{9}$步,长$\dfrac{9}{11}$步。问:田的面积是多少?

答:$\dfrac{7}{11}$步²。

又有田宽$\dfrac{4}{5}$步,长$\dfrac{5}{9}$步。问:田的面积是多少?

答:$\dfrac{4}{9}$步²。

分数乘法(李淳风注:分数乘法,分母相乘作为除数,分子相乘作为被除数,这就是分数乘法。)法则:分母相乘作为除数,分子相乘作为被除数。被除数除以除数。(刘徽注:凡是被除数不能整除除数的情况,就有分母、分子。如果有分数,乘它的被除数以使其扩大。如果被除数大于除数,就有整数部分。分子有所乘,所以分母应当报除。报除,也就是被除数除以除数。现在分子相乘,所以分母应当报除。所以将分母相乘连在一起除。田有宽和长,难以更详尽地比喻。假设有人问:马20匹,值金12斤。现卖马20匹,35人分金,每人得多少?答:$\dfrac{12}{35}$斤。会这样计算,是运用分数除法法则,用12斤金作为被除数,35人作为除数。又假设有马5匹,值金3斤。现卖马4匹,7人分金。每人得多少?答:$\dfrac{12}{35}$斤。会这样计算,是使金数与人数相齐,与最初问相同而合并入分数除法法则。然而"分子相乘作为被除数"是使金数相齐,"分母相乘作为除数"是使人数相齐,分母相同为 20。马数除了使分母相同外没有别的作用,只是求相齐而已。又假设马 5 匹,值金 3 斤。是两个整数的率。用分数来表示,则 1 匹马值 $\frac{3}{5}$ 斤。7 人卖 4 匹马,每人卖 $\frac{4}{7}$ 匹马。金数与人数相互联系,表达的方式不同,计算出的数值却是相同的。)

今有田广三步三分步之一,纵五步五分步之二。问:为田几何?

答曰:十八步。

又有田广七步四分步之三,纵十五步九分步之五。问:为田几何?

答曰:一百二十步九分步之五。

又有田广十八步七分步之五,纵二十三步十一分步之六。问:为田几何?

答曰:一亩二百步十一分步之七。

大广田 臣淳风等谨按:大广田知,初术直有全步而无余分,次术空有余分而无全步;此术先见全步复有余分,可以广兼三术,故曰大广。

术曰:分母各乘其全,分子从之[①],"分母各乘其全,分子从之"者,通全步纳分子,如此则母、子皆为实矣。**相乘为实。分母相乘为法。**犹乘分也。**实如法而一。**今为术广纵俱有分,当各自通其分。命母入者,还须出之。故令"分母相乘为法"而连除之。

注释

① 分母各乘其全,分子从之:假设两个分数 $a + \dfrac{c}{b}$, $d + \dfrac{f}{e}$。大广田法则: $\left(a + \dfrac{c}{b}\right) \times \left(d + \dfrac{f}{e}\right) = \dfrac{ab+c}{b} \times \dfrac{de+f}{e} = \dfrac{(ab+c)(de+f)}{be}$。

译文

现有田宽 $3\dfrac{1}{3}$ 步,长 $5\dfrac{2}{5}$ 步。问:田的面积是多少?

答: 18 步^2。

又有田宽 $7\dfrac{3}{4}$ 步,长 $15\dfrac{5}{9}$ 步。问:田的面积是多少?

答: $120\dfrac{5}{9}$ 步^2。

又有田宽 $18\dfrac{5}{7}$ 步,长 $23\dfrac{6}{11}$ 步。问:田的面积是多少?

答:1 亩 $200\dfrac{7}{11}$ 步^2。

大广田(李淳风注:大广田,前面的法则只有整数而没有分数,第二个法则只有分数而没有整数。本法则先有整数后有分数,兼有三种法则,这就是大广田。)法则:分母分别乘自己的整数部分,并入分子,(刘徽注:"分母分别乘自己的整数部分,并入分子",是使整数部分通分,再加入分子,这样分母、分子都化为被除数了。)所得的数相乘作为被除数。分母相乘作为除数。(刘徽注:就像分数乘法法则一样。)被除数除以除数。(刘徽注:本法则宽和长都有分数,应当先各自通分,分母并入分子的部分,还需要去除。所以"分母相乘作为除数"连在一起去除。)

今有圭田,广十二步①,正纵二十一步②。问:为田几何?

答曰:一百二十六步。

又有圭田,广五步二分步之一,纵八步三分步之二。问:为田几何?

答曰:二十三步六分步之五。

术曰:半广以乘正纵③。半广知,以盈补虚为直田也。亦可半正纵以乘广④。按半广乘纵,以取中平之数。故广纵相乘为积步。亩法除之,即得也。

注释

①圭田:三角形田。圭,古代帝王、诸侯举行隆重仪式

时所用的玉质礼器,上尖下方。

②正纵:即三角形的高。

③半广以乘正纵:如图 1-2,假设三角形底宽为 ae,高为 fc。由于 $ab=bc$,$cd=de$,所以有 $ac=ab+bc=\dfrac{1}{2}(ab+bc+cd+de)=\dfrac{1}{2}ae$,则三角形面积 $S=bd\times fc=\dfrac{1}{2}ae\times fc$。

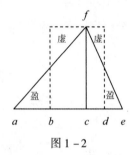

图 1-2

④半正纵以乘广:如图 1-3,假设三角形高为 eb,底宽为 ac。由于 $ed=db$,所以有 $db=\dfrac{1}{2}(ed+db)=\dfrac{1}{2}eb$,则三角形面积 $S=db\times ac=\dfrac{1}{2}eb\times ac$。

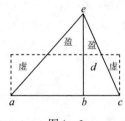

图 1-3

译文

现有三角形田,底宽 12 步,高 21 步。问:田的面积是多少?

答:126 步²。

又有三角形田,底宽 5 $\frac{1}{2}$ 步,高 8 $\frac{2}{3}$ 步。问:田的面积是多少?

答:23 $\frac{5}{6}$ 步²。

三角形田法则:半底宽乘高。(刘徽注:取半底宽,是为了用多余的部分填补不足的部分,将三角形田化为长方形田。也可以用半高乘底宽。按照半底宽乘高,取的是底宽的平均数。所以底宽和高相乘得到积步。以亩的换算方法去除,得到亩数。)

今有斜田①,一头广三十步,一头广四十二步,正纵六十四步。问:为田几何?

答曰:九亩一百四十四步。

又有斜田,正广六十五步,一畔纵一百步②,一畔纵七十二步。问:为田几何?

答曰:二十三亩七十步。

术曰:并两斜而半之,以乘正纵若广。又可半正纵若广,以乘并③。亩法而一。并而半之者,以盈补虚也。

注释

①斜田:直角梯形田。

②畔:田界。

③"并两斜而半之"四句:如图 1-4(a),假设直角梯形上底 ab,下底 ce,高 ac。由于 $bf=de$,$af=cd$,所以直角梯形面积 $S = af \times ac = \frac{1}{2}(2ab + 2bf) \times ac = \frac{1}{2}(ab + ce) \times ac$。

如图 1-4(b),假设直角梯形上底 ab,下底 cd,高 ac。由于 $af=fc$,$ab=de$,所以直角梯形面积 $S = fc \times ce = \frac{1}{2}ac \times (cd + de) = \frac{1}{2}ac \times (ab + cd)$。

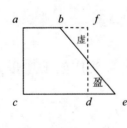

图 1-4(a)

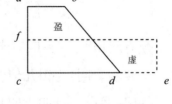

图 1-4(b)

译文

现有直角梯形田,上底 30 步,下底 42 步,高 64 步。

问:田的面积是多少?

答:9 亩 144 步²。

又有直角梯形田,宽 65 步,一个纵边 100 步,另一纵边 72 步(如图 1 – 5)。问:田的面积是多少?

答:23 亩 70 步²。

直角梯形田法则:上下两底相加,取半,乘高。也可以用半高,乘上下两底的和。用亩法换算。(刘徽注:取上下底和的一半,是为了用多余的部分填补不足的部分。)

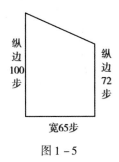

图 1 – 5

今有箕田^①,舌广二十步,踵广五步^②,正纵三十步。问:为田几何?

答曰:一亩一百三十五步。

又有箕田,舌广一百一十七步,踵广五十步,正纵一百三十五步。问:为田几何?

答曰:四十六亩二百三十二步半。

术曰:并踵、舌而半之,以乘正纵。亩法而一。中分箕田则为两斜田^③,故其术相似。又可并踵、舌,半正纵以乘之。

注释

①箕田:梯形田。箕,簸箕,一种家用器物。

②踵:脚后跟。

③中分箕田则为两斜田:如图1-6。梯形 *acdf* 可分成直角梯形 *abde* 和直角梯形 *bcef*。

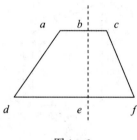

图1-6

译文

　　现有梯形田,下底20步,上底5步,高30步。问:田的面积是多少?

　　答:1亩135步²。

　　又有梯形田,下底117步,上底50步,高135步。问:田的面积是多少?

　　答:46亩232$\frac{1}{2}$步²。

　　梯形田法则:上、下底相加之和取半,乘高,用亩法换算。(刘徽注:将梯形田从中间分成两个直角梯形田,所以法则与上面相似。也可以上、下底相加之和,乘半高。)

　　今有圆田,周三十步①,径十步。臣淳风等谨按:术意以周三径一为率,周三十步,合径十步。今依密率②,合径九步十一分步之六。问:为田几何?

　　答曰:七十五步。此于徽术③,当为田七十一步一百五十七分步之一百三。臣淳风等谨依密率,为田七十一步二十二分步之一十三。

　　又有圆田,周一百八十一步,径六十步三分步之一。臣淳风等谨按:周三径一,周一百八十一步,径六十步三分步之一。依密率,径五十七步二十二分步之十三。问:为田几何?

　　答曰:十一亩九十步十二分步之一。此于徽术,当为田十亩二百八步三百一十四分步之一百一十三。臣淳风等谨依密率,为田十亩二百五步八十八分步之八十七。

　　术曰:半周半径相乘得积步④。按:半周为纵,半径为广,故广纵相乘为积步也。假令圆径二尺,圆中容六觚之一面⑤,与圆径之半,其数均等,合径率一而弧周率三也。

注释

①周:周长。

②密率:精密的圆周率。隋唐时圆周率取$\frac{22}{7}$。

③徽术:徽率。刘徽计算出圆周率为$\frac{157}{50}$。

④半周半径相乘得积步:假设圆周为C,圆的半径为r。

圆面积$S = \frac{1}{2}Cr$。

⑤觚:器物的边角。

译文

现有圆形田,周长30步,直径10步。(李淳风注:意思是以周3径1为率,周长30步,直径10步。现在依照密率,直径应该是$9\frac{6}{11}$步。)问:田的面积是多少?

答:75步²。(刘徽注:运用徽率,应当为$71\frac{103}{157}$步²。李淳风注:按照密率,结果为$71\frac{13}{22}$步²。)

又有圆形田,周长181步,直径$60\frac{1}{3}$步。(李淳风注:意思是以周3径1为率,周长181步,直径$60\frac{1}{3}$步。依照密率,直径是$57\frac{13}{22}$步)。问:田的面积是多少?

答:11亩$90\frac{1}{12}$步²。(刘徽注:运用徽率,应当为10

亩 208 $\frac{113}{314}$ 步²。李淳风注：按照密率，结果为 10 亩 205 $\frac{87}{88}$ 步²。）

圆形田法则：半周半径相乘得到积步。（刘徽注：半周作为长，半径作为宽，所以宽和长相乘得到积步。假设圆的直径为 2 尺，圆内接一个正六边形，它的六个边与圆半径长度相等，符合周 3 径 1 率。）

又按：为图，以六觚之一面乘一弧半径，三之，得十二觚之幂。若又割之，次以十二觚之一面乘一弧之半径，六之，则得二十四觚之幂。割之弥细，所失弥少。割之又割，以至于不可割，则与圆周合体而无所失矣。觚面之外，犹有余径，以面乘余径，则幂出弧表。若夫觚之细者，与圆合体，则表无余径。表无余径，则幂不外出矣。觚而裁之。以一面乘半径，每辄自倍。故以半周乘半径而为圆幂。

译文

刘徽注：如图（此图已佚。图 1-7 为李潢在《九章算术细草图说》中的补图），以圆内接正六边形的一边乘半径，乘以 3，得到正十二边形的面积。如果把它分割，然后以十二边形的一边乘半径，乘以 6，得到正二十四边形的面积。分割得越细，正多边形的面积与圆面积的差就越小。继续分割，直到不可分割为止，这时正多边形与圆

重合，面积也没有差距。正多边形边的外面，还有多余的半径，以多边形的边长乘余径，再加到多边形面积上，所得结果就超出了圆面积。如果正多边形的边分割得足够多，使它与圆重合，那么就不存在余径。没有余径，多边形的面积也不会超出圆面积。将正多边形从角开始沿半径裁开，形成多个等腰三角形。以一边乘半径，所得面积总是每个等腰三角形面积的 2 倍。所以，以半个周长乘半径即为圆面积。

图 1 - 7

此以周、径，谓至然之数，非周三径一之率也。周三者，从其六觚之环耳。以推圆规多少之觉，乃弓之与弦也。然世传此法，莫肯精核。学者踵古，习其谬失。不有明据，辩之斯难。凡物类形象，不圆则方。方圆之率，诚著于近①，则虽远可知也。由此言之，其用博矣。谨按图验，更造密率。恐空设法，数昧而难譬②。故置诸检括，谨详其记注焉。

注释

①诚：实在，的确。

②譬：领悟。

译文

　　所以，周长、半径是具体、准确的数，不是周3径1率。周3，只适用于正六边形的周长。推算正六边形的周长与圆周长的差距，就像弓和弦一样。然而世代流传的这个说法，没人去精确地核算。学习者按照古人的说法，学到了这个错误。如果没有明确的证据，很难辩证。凡是事物的形象，非圆即方。方率和圆率，目前来说作用显著，以后也是深远的。这么看来，它的应用很广。我按照图形验证，计算出精密的圆周率。由于担心空讲方法，数据模糊难以领悟，所以写出计算过程，详细记录在注释里。

　　割六觚以为十二觚术曰：置圆径二尺，半之为一尺，即圆里觚之面也。令半径一尺为弦，半面五寸为勾①，为之求股。以勾幂二十五寸减弦幂，余七十五寸。开方除之，下至秒、忽②。又一退法，求其微数。微数无名知以为分子，以十为分母，约作五分忽之二。故得股八寸六分六厘二秒五忽五分忽之二。以减半径，余一寸三分三厘九毫七秒四忽五分忽之三，谓之小勾。觚之半面又谓之小股。为之求弦。其幂二千六百七十九亿四千九百一十九万三千四百四十五忽,余分弃之。开方除之,即十二觚之一面也。

九章算术

注释

①寸:长度单位。10寸为1尺,10尺为1丈。

②秒:古代长度单位。1寸的万分之一。忽:古代长度
单位。10忽为1秒,10秒为1毫,10毫为1厘,10
厘为1分,10分为1寸。

译文

　　将圆内接正六边形分割为圆内接正十二边形法则:
假设圆直径2尺,半径就是1尺,同时也是正六边形的一
边。使半径1尺作为直角边的弦,半个边长5寸作为勾,
求股。弦的平方减去勾的平方25寸²,剩余75寸²。开
方,精确到秒、忽。又一退法,求它的微数。微数作为分
子,10作为分母,约简为$\frac{2}{5}$忽。所以算得股长8寸6分6
厘2秒5$\frac{2}{5}$忽。以它减半径,余1寸3分3厘9毫7秒
4$\frac{3}{5}$忽,称为小勾。正六边形的半个边长又称为小股。
可以求小弦。它的平方是267 949 193 445忽²,剩余分数
舍弃。对它开方,所得即为正十二边形的一边的长度。

割十二觚以为二十四觚术曰：亦令半径为弦，半面为勾，为之求股。置上小弦幂，四而一，得六百六十九亿八千七百二十九万八千三百六十一忽，余分弃之，即勾幂也。以减弦幂，其余，开方除之，得股九寸六分五厘九毫二秒五忽五分忽之四。以减半径，余三分四厘七秒四忽五分忽之一，谓之小勾。觚之半面又谓之小股。为之求小弦。其幂六百八十一亿四千八百三十四万九千四百六十六忽，余分弃之。开方除之，即二十四觚之一面也。

译文

将圆内接正十二边形分割为圆内接正二十四边形法则：使半径作为弦，半个边长作为勾，求股。将上面求得小弦的平方值除以4，得66 987 298 361 忽^2，剩余分数舍弃，即为勾的平方。以它减弦的平方，余数作开方除法，得股9寸6分5厘9毫2秒5$\frac{4}{5}$忽。以它减半径，余3分4厘7秒4$\frac{1}{5}$忽，称为小勾。正十二边形的半个边长又称为小股。可以求小弦。它的平方是68 148 349 466 忽^2，剩余分数舍弃。对它开方，所得即为正二十四边形的一边的长度。

割二十四觚以为四十八觚术曰：亦令半径为弦，半面为勾，为之求股。置上小弦幂，四而一，得一百七十亿三千七百八十万七千三百六十六忽,余分弃之,即勾幂也。以减弦幂,其余,开方除之,得股九寸九分一厘四毫四秒四忽五分忽之四。以减半径,余八厘五毫五秒五忽五分忽之一,谓之小勾。觚之半面又谓之小股。为之求小弦。其幂一百七十一亿一千二十七万八千八百一十三忽,余分弃之。开方除之,得小弦一寸三分八毫六忽,余分弃之,即四十八觚之一面。以半径一尺乘之,又以二十四乘之,得幂三万一千三百九十三亿四千四百万忽。以百亿除之,得幂三百一十三寸六百二十五分寸之五百八十四,即九十六觚之幂也。

译文

将圆内接正二十四边形分割为圆内接正四十八边形

法则:同样使半径作为弦,半个边长作为勾,求股。将上面求得小弦的平方值除以4,得 17 037 087 366 忽^2,剩余分数舍弃,即为勾的平方。以它减弦的平方,余数开方,得股 9 寸 9 分 1 厘 4 毫 4 秒 4 $\frac{4}{5}$ 忽。以它减半径,余 8 厘 5 毫 5 秒 5 $\frac{1}{5}$ 忽,称为小勾。正二十四边形的半个边长又称为小股。可以求小弦。它的平方是 17 110 278 813 忽^2,剩余分数舍弃。对它作开方除法,得小弦 1 寸 3 分 8 毫 6 忽,剩余分数舍弃,即为正四十八边形的一边的长度。用半径 1 尺乘之,再乘 24,得平方值 3 139 344 000 000 忽^2,除以 10 000 000 000,得平方值 313$\frac{584}{625}$寸^2,即为正九十六边形的面积。

割四十八觚以为九十六觚术曰:亦令半径为弦,半面为勾,为之求股。置次上弦幂,四而一,得四十二亿七千七百五十六万九千七百三忽,余分弃之,则勾幂也。以减弦幂,其余,开方除之,得股九寸九分七厘八毫五秒八忽十分忽之九。以减半径,余二厘一毫四秒一忽十分忽之一,谓之小勾。觚之半面又谓之小股。为之求小弦。其幂四十二亿八千二百一十五万四千一十二忽,余分弃之。开方除之,得小弦六分五厘四毫三秒八忽,余分弃之,即九十六觚之一面。以半径一尺乘之,又以四十八乘之,得幂三万一千四百一十亿二千四百万忽。以百亿除之,得幂三百一十四寸六百二十五分寸之六十四,即一百九十二觚之幂也。以九十六觚之幂减之,余六百二十五分寸之一百五,谓之差幂。倍之,为分寸之二百一十,即九十六觚之外弧田九十六,所谓以弦乘矢之凡幂也。加此幂于九十六觚之幂,得三百一十四寸六百二十五分寸之一百六十九,则出于圆之表矣。故还就一百九十二觚之全幂三百一十四寸,以为圆幂之定率而弃其余分。

译文

　　将圆内接正四十八边形分割为圆内接正九十六边形

法则:同样使半径作为弦,半个边长作为勾,求股。将上面求得小弦的平方值除以4,得4 277 569 703 忽^2,剩余分数舍弃,即为勾的平方。以它减弦的平方,余数作开方除法,得股9寸9分7厘8毫5秒8$\frac{9}{10}$忽。以它减半径,余2厘1毫4秒1$\frac{1}{10}$忽,称为小勾。正四十八边形的半个边长又称为小股。可以求小弦。它的平方是4 282 154 012 忽^2,剩

余分数舍弃。对它作开方除法，得小弦 6 分 5 厘 4 毫 3 秒
8 忽，剩余分数舍弃，即为正九十六边形一边的长度。用半
径 1 尺乘之，再乘 48，得平方值 3 141 024 000 000 忽²，除以
10 000 000 000，得平方值 $314\frac{64}{625}$ 寸²，即为正一百九十二边

形的面积。以正九十六边形面积减之，余 $\frac{105}{625}$ 寸²，称为差

幂。将其加倍，为 $\frac{210}{625}$ 寸²，是正九十六边形之外的 96 块弧

上的田的面积，即以弦乘余径的总面积。把这个面积加到

正九十六边形的面积上，得 $314\frac{169}{625}$ 寸²，超出了圆的面积。

所以还是舍弃剩余的分数，以正一百九十二边形的面积

314 寸² 作为圆面积定率。

以半径一尺除圆幂，倍所得，六尺二寸八分，即周数。令径自乘为
方幂四百寸，与圆幂相折，圆幂得一百五十七为率，方幂得二百为率。
方幂二百，其中容圆幂一百五十七也。圆率犹为微少。按：弧田图令方
中容圆，圆中容方，内方合外方之半。然则圆幂一百五十七，其中容方
幂一百也。又令径二尺与周六尺二寸八分相约，周得一百五十七，径得
五十，则其相与之率也。周率犹为微少也。

译文

　　圆面积除以半径 1 尺，所得数加倍，得 6 尺 2 寸 8

分,即周长。将直径自乘,得圆外切正方形面积 400 寸^2,与圆面积相比,得圆面积率为 157,方面积率为 200。方面积率 200,其中包含圆面积率 157。圆面积率稍微小。按:弧田图中,在正方形中做内切圆,圆中有内接正方形,内接正方形的面积是外切正方形面积的一半。所以圆面积为 157,内接正方形面积为 100。又将直径 2 尺与周长 6 尺 2 寸 8 分相约,圆周得 157,直径得 50,这是它们的最简之比。周率也稍微小一点。

　　晋武库中汉时王莽作铜斛①,其铭曰:律嘉量斛②,内方尺而圆其外,庣旁九厘五毫③,幂一百六十二寸,深一尺,积一千六百二十寸,容十斗。以此术求之,得幂一百六十一寸有奇④,其数相近矣。此术微少。而觚差幂六百二十五分寸之一百五。以一百九十二觚之幂为率消息,当取此分寸之三十六,以增于一百九十二觚之幂,以为圆幂,三百一十四寸二十五分寸之四。置径自乘之方幂四百寸,令与圆幂通相约,圆幂三千九百二十七,方幂得五千,是为率。方幂五千中容圆幂三千九百二十七;圆幂三千九百二十七中容方幂二千五百也。以半径一尺除圆幂三百一十四寸二十五分寸之四,倍所得,六尺二寸八分二十五分分之八,即周数也。全径二尺与周数通相约,径得一千二百五十,周得三千九百二十七,即其相与之率。若此者,盖尽其纤微矣。举而用之,上法为约耳。当求一千五百三十六觚之一面,得三千七十二觚之幂,而裁其微分,数亦宜然,重其验耳。

注释

①斛hú：量器名，亦量名。古代十斗为一斛，南宋末年改为五斗为一斛，两斛为一石。

②律：法令，法律。嘉量：古代标准量器。有鬴、豆、升三量。汉王莽改制，始建国元年颁新嘉量，合斛、斗、升、合、龠为一器。器上部为斛，下部为斗，左耳为升，右耳为合、龠。

③庣tiāo：凹下或不满的地方。

④奇：奇零。不满整数的数。

译文

晋代武库中有汉朝王莽所制铜斛，上有铭文：法定标准量器斛。内部方形外部圆形，庣旁9厘5毫，面积162寸²，深1尺，容积1 620寸³，容量10斗。用刚才推算出的数据计算，得面积161寸²，有奇零。与上面得数相近。这样算出的数值稍微小一点，圆内接正一百九十二边形与正九十六边形面积差是$\frac{105}{625}$寸²。以正一百九十二边形的面积作为求率时增减的基础，取$\frac{36}{625}$寸²，加到正一百九十二边形的面积上，作为圆面积，为$314\frac{4}{25}$寸²。将直径自乘得正方形面积400寸²，使之与圆面积相约，圆面积

3 927，正方形面积 5 000，这是方圆率。正方形面积 5 000
中含有内接圆面积 3 927，内接圆面积 3 927 中含有内接
正方形面积 2 500。圆面积 314 $\frac{4}{25}$ 寸² 除以半径 1 尺，再
使之加倍，6 尺 2 寸 8 $\frac{8}{25}$ 分，就是周长。直径 2 尺与周长
相约，直径得 1 250，周长得 3 927，是它们的最简之比。
这样算的话，已经相当精确细微。如果应用，上一个方法
相对简约。求正一千五百三十六边形的边长，得到正三
千零七十二边形的面积，裁掉微小分数，数值也应该这
样，又一次得到验证。

臣淳风等谨按：旧术求圆，皆以周三径一为率。若用之求圆周之
数，则周少径多。用之求其六觚之田，乃与此率合会耳。何则？假令六
觚之田，觚间各一尺为面，自然从角至角，其径二尺可知。此则周六径
二与周三径一已合。恐此犹以难晓，今更引物为喻。设令刻物作圭形
者六枚，枚别三面，皆长一尺。攒此六物，悉使锐头向里，则成六觚之
周，角径亦皆一尺。更从觚角外畔，围绕为规，则六觚之径尽达规矣。
当面径短，不至外规。若以径言之，则为规六尺，径二尺，面径皆一尺。
面径股不至外畔，定无二尺可知。故周三径一之率于圆乃是径多周
少。径一周三，理非精密。盖术从简要，举大纲略而言之。刘徽将以为
疏，遂乃改张其率。但周、径相乘，数难契合。徽虽出斯二法，终不能究
其纤毫也。祖冲之以其不精，就中更推其数。今者修撰，攡摭诸家[1]，考
其是非，冲之为密。故显之于徽术之下，冀学者之所裁焉。

注释

①攈摭jùn zhí：亦作"攟摭"，摘取，搜集。

译文

李淳风注：用旧法求圆，都以周3径1为率。如果用它求圆周的值，得数圆周少，直径多。用它求正六边形的田却能符合。这是为什么呢？假设正六边形田，各角之间边长1尺，自然可以得出两角之间的直径是2尺。于是周6径2，与周3径1相合。担心这样讲仍难以理解，现在引用事物做比喻。假设刻三角形物品6枚，每枚有三条边，边长皆1尺。将这6枚物品集中，全部使一角向里，于是形成一个正六边形，两角间长度1尺。再沿着角的外侧，围绕成圆弧，经过六个角的直径全部达到圆弧上。正六边形对面两条边之间的距离短，达不到圆弧。以直径而言，为圆弧长6尺，直径2尺，边长1尺。对面两条边之间的距离达不到圆弧，可以知道肯定不足2尺。所以周3径1率用来计算圆周则是直径多圆周少。径1周3，理论上讲不是很精密。应该是计算法则为遵从简要原则，根据纲领简略地表示的缘故。刘徽认为太粗略，于是改变率。但周长、直径相乘，数值难以契合。刘徽虽然提出两个方法，但最终没能做到细微的精确。祖冲之因为其值不精密，进一步推导计算。现在修撰，收集各家学说,考察正误,祖冲之的计算最精密。所以将它附在刘徽的方法之后,希望学习者有所判断。

又术曰:周、径相乘,四而一①。此周与上弧同耳。周、径相乘各当以半,而今周、径两全,故两母相乘为四,以报除之。于徽术,以五十乘周,一百五十七而一,即径也。以一百五十七乘径,五十而一,即周也。新术径率犹当微少。据周以求径,则失之长;据径以求周,则失之短。诸据见径以求幂者,皆失之于微少;据周以求幂者,皆失之于微多。臣淳风等谨按:依密率,以七乘周,二十二而一,即径;以二十二乘径,七而一,即周。依术求之,即得。

注释

① 周、径相乘,四而一:假设圆周为 C,圆的直径为 d。另一法则中,圆面积 $S = \frac{1}{4}Cd$。

译文

法则:圆周、直径相乘,除以4。(刘徽注:该周长与上面提到的圆内接多边形意义相同。周长、直径相乘应当各取一半,但是现在周长、直径都是完整的,所以它们的分母相乘应该为4,以作报除。如果用徽率,周长乘以50,除以157,所得即为直径。直径乘以157,除以50,即为圆周。新方法得出的直径的率应该小一点。根据圆周求直径,所得的不精密之处在于数值大了点;根据直径求周长,所得的不精密之处在于数值小了点。根据直径求面积,所得的不精密之处在于微小;根据周长求面积,所得的不精密之处在于微大。李淳风注:依照密率,周长乘以7,除以22,即为直径;直径乘以22,除以7,即为周长。按照这个法则,即可得到答案。)

又术曰:径自相乘,三之,四而一^①。按:圆径自乘为外方。"三之,四而一"者,是为圆居外方四分之三也。若令六觚之一面乘半径,其幂即外方四分之一也。因而三之,即亦居外方四分之三也,是为圆里十二觚之幂耳。取以为圆,失之于微少。于徽新术,当径自乘,又以一百五十七乘之,二百而一。臣淳风等谨按:密率,令径自乘,以十一乘之,十四而一,即圆幂也。

注释

① 径自相乘,三之,四而一:假设圆周为 C,圆的直径为 d。另一法则中,圆面积 $S = \dfrac{3}{4}d^2$。

译文

法则:直径自乘,乘以3,除以4。(刘徽注:圆的直径自乘得到圆外切正方形的面积。"乘以3,除以4",是因为圆面积是外切正方形面积的$\frac{3}{4}$。如果使圆内接正六边形的一边乘以半径，所得面积为外切正方形面积的$\frac{1}{4}$。

所以乘以3，即外切正方形面积的$\frac{3}{4}$，也是圆内接正十二边形的面积。取这个值作为圆面积，不精密之处在于稍微小了一点。运用徽率，应当是直径自乘，乘以157，除以200。李淳风注：依照密率，使直径自乘，乘以11，除以14，即为圆面积。）

又术曰：周自相乘，十二而一[①]。六觚之周，其于圆径，三与一也。故六觚之周自相乘为幂，若圆径自乘者九方，九方凡为十二觚者十有二，故曰十二而一，即十二觚之幂也。今此令周自乘，非但若为圆径自乘者九方而已。然则十二而一，所得又非十二觚之类也。若欲以为圆幂，失之于多矣。以六觚之周自乘，十二而一可也。于徽新术，直令圆周自乘，又以二十五乘之，三百一十四而一，得圆幂。其率：二十五者，圆幂也；三百一十四者，周自乘之幂也。置周数六尺二寸八分，令自乘，得幂三十九万四千三百八十四分，又置圆幂三万一千四百分，皆以一千二百五十六约之，得此率。臣淳风等谨按：方面自乘即得其积。圆周求其幂，假率乃通。但此术所求用三、一为率。圆田正法，半周及半径以相乘。今乃用全周自乘，故须以十二为母。何者？据全周而求半周，则须以二为法；就全周而求半径，复假六以除之。是二、六相乘，除周自乘之数。依密率，以七乘之，八十八而一。

注释

①周自相乘,十二而一:假设圆周为 C。另一法则中,

圆面积 $S = \frac{1}{12}C^2$。

译文

法则:圆周自乘,除以 12。(刘徽注:圆内接正六边形的周长与圆的直径相比,是 3:1。所以圆内接正六边形的周长自乘所得面积,是圆的直径自乘所得面积的 9 倍,相当于 12 个正十二边形,所以除以 12,得到一个正十二边形的面积。现在使周长自乘,不但不是直径自乘的 9 倍。那么,除以 12,也不是正十二边形的面积。如果将它作为圆面积,不精密之处在于数值多了些。用正六边形的周长自乘,除以 12 是可以的。运用徽率,直接使圆周自乘,乘以 25,除以 314,得到圆面积。它们的率:圆面积 25,周长自乘面积 314。假设周长 6 尺 2 寸 8 分,将它自乘,得到面积 394 384 分²,又设圆面积 31 400 分²,以 1 256 约简,得到这个率。李淳风注:用正方形边长自乘,得到正方形面积。用圆周求圆面积,借助圆周率就可以。但是本法则中使用周 3 径 1 率。圆形田法则,用半个周长与半径相乘。现在用的是整个周长自乘,所以应该除以 12。为什么呢?根据全周长求半周长,需要除以 2;根

据全周长求半径,需要除以6。所以2与6自乘后,去除周长自乘得数。依照密率,乘以7,除以88。)

今有宛田^①,下周三十步^②,径十六步^③。问:为田几何?

答曰:一百二十步。

又有宛田,下周九十九步,径五十一步。问:为田几何?

答曰:五亩六十二步四分步之一。

术曰:以径乘周,四而一。此术不验。故推方锥以见其形。假令方锥下方六尺,高四尺。四尺为股,下方之半三尺为勾,正面斜为弦,弦五尺也。令勾、弦相乘,四因之,得六十尺,即方锥四面见者之幂。若令其容圆锥,圆锥见幂与方锥见幂,其率犹圆幂之与方幂也。按:方锥下方六尺,则方周二十四尺,以五尺乘而半之,则亦方锥之见幂。故求圆锥之数,折径以乘下周之半,即圆锥之幂也。今宛田上径圆穹,而与圆锥同术,则幂失之于少矣。然其术难用,故略举大较,施之大广田也。求圆锥之幂,犹求圆田之幂也。今用两全相乘,故以为法,除之,亦如圆田矣。开立圆术说圆方诸率甚备,可以验此。

注释

①宛田:中央隆起的田,类似于球冠。宛,屈曲。

②下周:下底的周长。

③径:宛田的径指的是穿过球冠下底直径的两端点和

顶心的弧。如图 1-8。下周为 l_2，径为穿过点 a、点 O'、点 b 的弧 l_1。

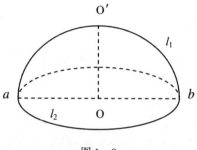

图 1-8

译文

现有宛田，下周长 30 步，穹径 16 步。问：田的面积是多少？

答：120 步²。

又有宛田，下周长 99 步，穹径 51 步。问：田的面积是多少？

答：5 亩 62 $\frac{1}{4}$ 步²。

宛田法则：下周长乘以穹径，除以 4。（刘徽注：本法则不正确。所以现在推算方锥用以证明。假设方锥下底长 6 尺，高 4 尺。以 4 尺作为股，下底长的一半 3 尺作为勾，斜面上的高为弦，则弦 5 尺。将勾、弦相乘，乘以 4，得 60 尺²，即为方锥四个面的面积。如果内部有内切圆锥，那么圆锥的侧面积与方锥的侧面积，它们的率就像内切圆的面积与正方形的面积。按：方锥下底长 6 尺，所以周长为 24 尺，乘以 5 尺，取半，即方锥的侧面积。所以求圆锥的侧面积，取一半穹径，乘一半下周长，就是圆锥的面积。现宛田的径是球冠上的一段圆弧，却和圆锥用同样的法则，得出的面积数值会小。然而这一方法使用较复杂，所以只是略举大概，适用于面积较广的田地。求圆锥的侧面积，如同求圆的面积。现在由于用全周长、直径，所以需要除以 4，道理同圆形田。开立圆法则中关于圆率、方率等表述很详细，可以验证这里说的方法。

今有弧田^①，弦三十步，矢十五步。问：为田几何？

答曰：一亩九十七步半。

又有弧田，弦七十八步二分步之一，矢十三步九分步之七。问：为田几何？

答曰：二亩一百五十五步八十一分步之五十六。

术曰：以弦乘矢，矢又自乘，并之，二而一^②。方中之圆，圆里十二觚之幂，合外方之幂四分之三也。中方合外方之半，则朱青合外方四分之一也^③。弧田，半圆之幂也，故依半圆之体而为之术。以弦乘矢而半之则为黄幂，矢自乘而半之为二青幂。青、黄相连为弧体。弧体法当应规。今觚面不至外畔，失之于少矣。圆田旧术以周三径一为率，俱得十二觚之幂，亦失之于少也。与此相似，指验半圆之弧耳。若不满半圆者，益复疏阔。

注释

①弧田:弓形田。

②以弦乘矢,矢又自乘,并之,二而一:假设弓形弦为 d_1,矢为 d_2,弓形面积 $S = \frac{1}{2}(d_1 d_2 + d_1{}^2)$。

③图已佚。图 1-9 为戴震补图。

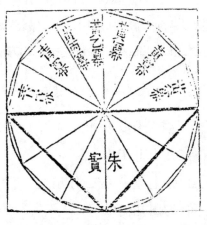

图 1-9

译文

现有弓形田,弦 30 步,矢 15 步。问:田的面积是多少?

答:1 亩 97 $\frac{1}{2}$ 步^2。

又有弓形田,弦 78 $\frac{1}{2}$ 步,矢 13 $\frac{7}{9}$ 步。问:田的面积

是多少?

答:2 亩 155 $\frac{56}{81}$ 步²。

弓形田法则:以弦乘矢,矢自乘,相加求和,除以 2。
(刘徽注:正方形中有内切圆,圆内按正十二边形的面积,
是外切正方形的 $\frac{3}{4}$。圆内接正方形面积是外切正方形面

积的一半,则朱青图形的面积是外切正方形面积的 $\frac{1}{4}$。

弓形田,半圆的面积,所以依照半圆计算面积。弦乘矢取
半是黄色图形的面积,矢自乘取半是两块青色图形的面
积之和。青色、黄色图形相连是弧体。弧体应当和圆弧
同理。现在多边形的边不能达到外侧边界,所以所得数
值偏小。圆形田法则用周 3 径 1 率,都求得内接正十二
边形的面积,所得数值也偏小。与本法则相似,只检验了
半圆形弧田。如果图形不足半圆,就更有疏漏了。)

宜依勾股锯圆材之术,以弧弦为锯道长,以矢为锯深,而求其径①。
既知圆径,则弧可割分也。割之者,半弧田之弦以为股,其矢为勾,为之
求弦,即小弧之弦也。以半小弧之弦为勾,半圆径为弦,为之求股,以减
半径,其余即小弧之矢也。割之又割,使至极细。但举弦、矢相乘之数,
则必近密率矣。然于算数差繁,必欲有所寻究也。若但度田,取其大
数,旧术为约耳。

注释

①如图 1 - 10，假设弧的弦为 ab，矢为 OO'，弦所在圆的半径为 aO''。由弧的弦 aO 为股，$O'O$ 为勾，利用勾股定理可求出 aO'。$ad = \dfrac{1}{2}aO'$，由 ad 为勾，aO'' 为弦，利用勾股定理可求出 dO''。cd 为小弓形的矢。

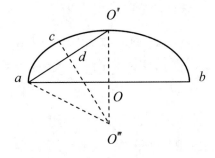

图 1 - 10

译文

　　应依照勾股章里锯圆材问题的解法处理，将弧的弦作为锯道长，矢作为锯道深，求弧所在圆的直径。已知圆的直径，弧就可以分割求解。将半个弓形的弦作为股，矢作为勾，求弦，即为小弓形的弦。以半个小弓形的弦作为勾，圆的半径作为弦，求股。半径减去所得的股，余数是小弓形的矢。反复分割，直到极其细微。这时列出弦、矢相乘所得数值，必定十分接近密率。然而算法复杂，想要有所研究才会采取这种算法。如果只是测算田地，取大约的数值，按照旧方法就比较简便了。

今有环田，中周九十二步，外周一百二十二步，径五步[①]。此欲令与周三径一之率相应，故言径五步也。据中、外周，以徽术言之，当径四步一百五十七分步之一百二十二也。臣淳风等谨按：依密率，合径四步二十二分步之十七。问：为田几何？

答曰：二亩五十五步。于徽术，当为田二亩三十一步一百五十七分步之二十三。臣淳风等依密率，为田二亩三十步二十二分步之十五。

又有环田，中周六十二步四分步之三，外周一百一十三步二分步之一，径十二步三分步之二。此田环而不通匝[②]，故径十二步三分步之二。若据上周求径者，此径失之于多，过周三径一之率，盖为疏矣。于徽术，当径八步六百二十八分步之五十一。臣淳风等谨按：依周三径一考之，合径八步二十四分步之一十一。依密率，合径八步一百七十六分步之一十三。问：为田几何？

答曰：四亩一百五十六步四分步之一。于徽术，当为田二亩二百三十二步五千二十四分步之七百八十七也。依周三径一，为田三亩二十五步六十四分步之二十五。臣淳风等谨按密率，为田二亩二百三十一步一千四百八分步之七百一十七也。

术曰：并中、外周而半之，以径乘之，为积步[③]。此田截而中之周则为长。并而半之知，亦以盈补虚也。此可令中、外周各自为圆田,以中圆减外圆,余则环实也。

注释

①径:环形田的径为中、外周之间的宽。

②匝:环绕一周叫一匝。

③如图 1−11。假设环形中周 C_1,外周 C_2,环径 d。环

形面积 $S = \dfrac{1}{2}(C_1 + C_2)d$。

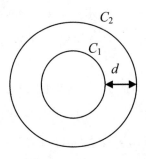

图 1−11

译文

现有环形田,中周 92 步,外周 122 步,环径 5 步。(刘徽注:题目想要与周 3 径 1 率相对应,所以说环径 5 步。根据中、外周,运用徽率,环径应当是 $4\dfrac{122}{157}$ 步。李淳风注:依照密率,环径应当是 $4\dfrac{17}{22}$ 步。)问:田的面积是多少?

答：2 亩 55 步²。（刘徽注：用徽率，田的面积应当是 2 亩 31 $\frac{23}{157}$ 步²。李淳风注：依照密率，田的面积应当是 2 亩 30 $\frac{15}{22}$ 步²。）

又有环形田，中周 62 $\frac{3}{4}$ 步，外周 113 $\frac{1}{2}$ 步，环径 12 $\frac{2}{3}$ 步。（刘徽注：这个环不足一周，所以环径为 12 $\frac{2}{3}$ 步。如果根据上面的周长求环径，那么得出的数值偏大，超过了周 3 径 1 率，太粗糙了。用徽率，环径应是 8 $\frac{51}{628}$ 步。李淳风注：依照周 3 径 1 率计算，环径应当是 8 $\frac{11}{24}$ 步。依照密率，环径应当是 8 $\frac{13}{176}$ 步。）问：田的面积是多少？

答：4 亩 156 $\frac{1}{4}$ 步²。（刘徽注：用徽率，田的面积应当是 2 亩 232 $\frac{787}{5\,024}$ 步²。依照周 3 径 1 率，田的面积应当是 2 亩 25 $\frac{25}{64}$ 步²。李淳风注：依照密率，田的面积应当是 2 亩 231 $\frac{717}{1\,408}$ 步²。）

环形田法则：中、外周之和取半，乘以环径，得到积步。（刘徽注：田地截中、外周得到平均周长，作为长。相加取半的目的是以盈补虚。也可以将中、外周各自看成是圆形田,外周面积减去中周面积,余数就是环形田的面积。)

密率术曰:置中、外周步数,分母、子各居其下。母互乘子,通全步,纳分子。以中周减外周,余半之,以益中周。径亦通分纳子,以乘周为密实。分母相乘为法。除之为积步,余,积步之分。以亩法除之,即亩数也。按:此术,并中、外周步数于上,分母、子于下。母互乘子者,为中、外周俱有分,故以互乘齐其子,母相乘同其母。子齐母同,故通全步,纳分子。"半之"知,以盈补虚,得中平之周。周则为纵,径则为广,故广、纵相乘而得其积。既合分母,还须分母出之,故令周、径分母相乘而连除之,即得积步。不尽,以等数除之而命分。以亩法除积步,得亩数也。

译文

密率法则:设置中、外周的步数,分母、分子居下。分母互乘分子,整数步数通分,并入分子。外周减去中周,余数取半,加到中周上。环径也通分并入分子,乘周长作为被除数。分母相乘作为除数。被除数除以除数,得到积步。余数是积步的分数。用亩法换算,得到亩数。(刘徽注:本法则,将中、外周的步数相加记在上方,分母、分子记在下方。分母互乘分子,是因为中、外周皆含有分数,所以互乘使分子相齐,分母相乘相同。分子相齐分母相同后,整数部分可以通分,并入分子。"取半"是为了以盈补虚,得到平均周长。周长作为长,环径作为宽,所以宽、长相乘得到积步。既然分子中融合了分母,还需要把分母分离出去,所以使周、径分母相乘,合起来除,就得到积步。如果除不尽,以等数除,取分数。得到的积步用亩法换算,得到亩数。)

卷第二　粟米

粟米①以御交质变易

粟米之法凡此诸率相与大通，其特相求，各如本率。可约者约之。别术然也。

粟率五十　　　　粝米三十②

粺米二十七③　　糳米二十四④

御米二十一⑤　　小䵂十三半⑥

大䵂五十四　　　粝饭七十五

粺饭五十四　　　糳饭四十八

御饭四十二　　　菽⑦、荅⑧、麻、麦各四十五

稻六十　　　　　豉六十三⑨

飧九十⑩　　　　熟菽一百三半

蘖一百七十五⑪

注释

①粟：古指禾、黍的籽粒。加工后其皮称糠，可食的仁称米。这里泛指粮食。

②粝lì米：粗米，糙米。

③粺bài米：一种介于精米、粗米之间的米。

④糳zuò米：舂过的精米。

⑤御米：供宫廷食用的米。

⑥黐zhí：麦屑。小黐：细麦屑。大黐：粗麦屑。

⑦菽：豆类的总称。

⑧荅dá：小豆。

⑨豉chǐ：用豆类发酵制成的副食品。

⑩飧sūn：熟食。

⑪糵niè：麦、豆等长出的芽。

译文

粟米（刘徽注：用来处理交易折算。）

粮食换算率（刘徽注：下面这些率相互关联相通，如果特意折算，就要依照相应的率。可以约简的要约简。别的换算也是这样。）

粟率 50	糙米 30
粺米 27	精米 24
贡米 21	面粉 $13\frac{1}{2}$
麦麸 54	糙米饭 75
粺米饭 54	精米饭 48
贡米饭 42	大豆、小豆、芝麻、麦各 45
稻谷 60	豆豉 63
飧 90	熟大豆 $103\frac{1}{2}$

今有此都术也。凡九数以为篇名，可以广施诸率，所谓告往而知来，举一隅而三隅反者也。诚能分诡数之纷杂，通彼此之否塞[1]，因物成率，审辨名分，平其偏颇，齐其参差，则终无不归于此术也。**术曰：以所有数乘所求率为实，以所有率为法**[2]。少者多之始，一者数之母，故为率者必等之于一。据粟率五、粝率三，是粟五而为一也，粝米三而为一也。欲化粟为米者，粟当先本是一。一者，谓以五约之，令五而为一也。讫[3]，乃以三乘之，令一而为三。如是，则率至于一，以五为三矣。然先除后乘，或有余分，故术反之。又完言之知[4]，粟五升为粝米三升；分言之知，粟一斗为粝米五分斗之三。以五为母，三为子。以粟求粝米者，以子乘，其母报除也。然则所求之率常为母也。臣淳风等谨按：宜云"所求之率常为子，所有之率常为母。"今乃云"所求之率常为母"知，脱错也。**实如法而一。**

注释

①否塞：闭塞不通。

②假设所有数为 a，所有率为 a'，所求数为 b，所求率为 b'，那么按照法则，有 $b = ab' \div a'$。

③讫：完结，终了。

④完：完整，完好，完全。这里指整数。

译文

　　今有法则(刘徽注:这是普遍运用的法则。凡是《九章算术》里各篇的问题,都可以运用率。这就是所谓根据过去可以推测未来,举一反三的道理。如果能分析复杂的数学问题,疏通彼此的闭塞,根据物品确定各自的率,辨别它们的关系,平衡偏颇,齐平参差,那么总能归结到这一法则。)法则:所有数乘以所求率,作为被除数,所有率作为除数。(刘徽注:少是多的开始,1是数字的基础,所以率都应该可以折算成1。根据粟率5、糙米率3,就是粟5可以折成1,糙米3可以折成1。想要将粟化成糙米,先将粟化成1。使5化成1,需要用5约简。完毕,再用之乘以3,使1化成3。就这样,率折算成1,使5化成了3。然而先作除法后作乘法,余数可能会有分数,所以法则中将运算顺序反过来。用整数表示,粟5升可折算成糙米3升,用分数表示,粟1斗可折算成糙米$\frac{3}{5}$斗。5是分母,3是分子。粟折算成糙米,以分子乘,再用分母报除。然而所求率常取作分母。李淳风注:应当是"所求率常取作分子,所有率常取作分母"。这里说的"所求率常取作分母"是错误的。)被除数除以除数。

今有粟一斗,欲为粝米。问:得几何?

答曰:为粝米六升。

术曰:以粟求粝米,三之,五而一。臣淳风等谨按:都术,以所求率乘所有数,以所有率为法。此术以粟求米,故粟为所有数。三是米率,故三为所求率。五为粟率,故五为所有率。粟率五十,米率三十,退位求之,故唯云三、五也。

今有粟二斗一升,欲为粺米。问:得几何?

答曰:为粺米一斗一升五十分升之十七。

术曰:以粟求粺米,二十七之,五十而一。臣淳风等谨按:粺米之率二十有七,故直以二十七之,五十而一也。

今有粟四斗五升,欲为糳米。问:得几何?

答曰:为糳米二斗一升五分升之三。

术曰:以粟求糳米,十二之,二十五而一。臣淳风等谨按:糳米之率二十有四,以为率太繁,故因而半之,故半所求之率,以乘所有之数。所求之率既减半,所有之率亦减半。是故十二乘之,二十五而一也。

今有粟七斗九升,欲为御米。问:得几何?

答曰:为御米三斗三升五十分升之九。

术曰:以粟求御米,二十一之,五十而一。

今有粟一斗,欲为小䵂。问:得几何?

答曰:为小䵂二升一十分升之七。

术曰:以粟求小䵂,二十七之,百而一。臣淳风等谨按：小䴽之率十三有半。半者二为母，以二通之，得二十七，为所求率。又以母二通其粟率，得一百，为所有率。凡本率有分者，须即乘除也。他皆放此。

今有粟九斗八升，欲为大䴽。问：得几何？

答曰：为大䴽一十斗五升二十五分升之二十一。

术曰：以粟求大䴽，二十七之，二十五而一。臣淳风等谨按：大䴽之率五十有四，其可半，故二十七之，亦如粟求糳米，半其二率。

今有粟二斗三升，欲为粝饭。问：得几何？

答曰：为粝饭三斗四升半。

术曰：以粟求粝饭，三之，二而一。臣淳风等谨按：粝饭之率七十有五。粟求粝饭，合以此数乘之。今以等数二十有五约其二率，所求之率得三，所有之率得二，故以三乘二除。

今有粟三斗六升，欲为粺饭。问：得几何？

答曰：为粺饭三斗八升二十五分升之二十二。

术曰：以粟求粺饭，二十七之，二十五而一。臣淳风等谨按：此术与大䴽多同。

今有粟八斗六升，欲为糳饭。问：得几何？

答曰：为糳饭八斗二升二十五分升之一十四。

术曰：以粟求糳饭，二十四之，二十五而一。臣淳风等谨按：糳饭率四十八。此亦半二率而乘除。

今有粟九斗八升，欲为御饭。问：得几何？

答曰：为御饭八斗二升二十五分升之八。

术曰：以粟求御饭，二十一之，二十五一而一。臣淳风等谨按：此术半率，亦与繫饭多同。

今有粟三斗少半升^①，欲为菽。问：得几何？

答曰：为菽二斗七升一十分升之三。

今有粟四斗一升太半升^②，欲为荅。问：得几何？

答曰：为荅三斗七升半。

今有粟五斗太半升，欲为麻。问：得几何？

答曰：为麻四斗五升五分升之三。

今有粟一十斗八升五分升之二，欲为麦。问：得几何？

答曰：为麦九斗七升二十五分升之一十四。

术曰：以粟求菽、荅、麻、麦，皆九之，十而一。臣淳风等谨按：四术率并四十五，皆是为粟所求，俱合以此率乘其本粟。术欲从省，先以等数五约之，所求之率得九，所有之率得十。故九乘十除，义由于此。

今有粟七斗五升七分升之四，欲为稻。问：得几何？

答曰：为稻九斗三十五分升之二十四。

术曰：以粟求稻，六之，五而一。臣淳风等谨按：稻率六十，亦约二率而乘除。

今有粟七斗八升，欲为豉。问：得几何？

答曰：为豉九斗八升二十五分升之七。

术曰：以粟求豉，六十三之，五十而一。

今有粟五斗五升，欲为飧。问：得几何？

答曰：为飧九斗九升。

术曰：以粟求飧，九之，五而一。臣淳风等谨按：飧率九十，退位，与求稻多同。

今有粟四斗，欲为熟菽。问：得几何？

答曰：为熟菽八斗二升五分升之四。

术曰：以粟求熟菽，二百七之，百而一。臣淳风等谨按：熟菽之率一百三半。半者其母二，故以母二通之。所求之率既被二乘，所有之率随而俱长，故以二百七之，百而一。

今有粟二斗，欲为蘖。问：得几何？

答曰：为蘖七斗。

术曰：以粟求蘖，七之，二而一。臣淳风等谨按：蘖率一百七十有五，合以此数乘其本粟。术欲从省，先以等数二十五约之，所求之率得七，所有之率得二，故七乘二除。

今有粝米十五斗五升五分升之二，欲为粟。问：得几何？

答曰：为粟二十五斗九升。

术曰：以粝米求粟，五之，三而一。臣淳风等谨按：上术以粟求米，故粟为所有数，三为所求率，五为所有率。今此以米求粟，故米为所有数，五为所求率，三为所有率。准都术求之，各合其数。以下所有反求多问，皆准此。

今有粺米二斗，欲为粟。问：得几何？

答曰：为粟三斗七升二十七分升之一。

术曰：以粺米求粟，五十之，二十七而一。

今有糳米三斗少半升，欲为粟。问：得几何？

答曰：为粟六斗三升三十六分升之七。

术曰：以糳米求粟，二十五之，十二而一。

今有御米十四斗，欲为粟。问：得几何？

答曰：为粟三十三斗三升少半升。

术曰：以御米求粟，五十之，二十一而一。

今有稻一十二斗六升一十五分升之一十四，欲为粟。问：得几何？

答曰：为粟一十斗五升九分升之七。

术曰：以稻求粟，五之，六而一。

今有粝米一十九斗二升七分升之一，欲为粺米。问：得几何？

答曰：为粺米一十七斗二升一十四分升之一十三。

术曰：以粝米求粺米，九之，十而一。臣淳风等谨按：粺率二十七，合以此数乘粝米。术欲从省，先以等数三约之，所求之率得九，所有之率得十，故九乘而十除。

今有粝米六斗四升五分升之三，欲为粝饭。问：得几何？

答曰：为粝饭一十六斗一升半。

术曰：以粝米求粝饭，五之，二而一。臣淳风等谨按：

粝饭之率七十有五,宜以本粝米乘此率数。术欲从省,先以等数十五约之,所求之率得五,所有之率得二。故五乘二除,义由于此。

今有粝饭七斗六升七分升之四,欲为飧。问:得几何?

答曰:为飧九斗一升三十五分升之三十一。

术曰:以粝饭求飧,六之,五而一。臣淳风等谨按:飧率九十,为粝饭所求,宜以粝饭乘此率。术欲从省,先以等数十五约之,所求之率得六,所有之率得五。以此故六乘五除也。

今有菽一斗,欲为熟菽。问:得几何?

答曰:为熟菽二斗三升。

术曰:以菽求熟菽,二十三之,十而一。臣淳风等谨按:熟菽之率一百三半。因其有半,各以母二通之,宜以菽数乘此率。术欲从省,先以等数九约之,所求之率得一十一半,所有之率得五也。

今有菽二斗,欲为豉。问:得几何?

答曰:为豉二斗八升。

术曰:以菽求豉,七之,五而一。臣淳风等谨按:豉率六十三,为菽所求,宜以菽乘此率。术欲从省,先以等数九约之,所求之率得七,而所有之率得五也。

今有麦八斗六升七分升之三,欲为小麯。问:得几何?

答曰:为小麯二斗五升一十四分升之一十三。

术曰:以麦求小麯,三之,十而一。臣淳风等谨按:小糵之率十三半,宜以母二通之,以乘本麦之数。术欲从省,先以等数九约之,所求之率得三,所有之率得十也。

今有麦一斗,欲为大糵。问:得几何?

答曰:为大糵一斗二升。

术曰:以麦求大糵,六之,五而一。臣淳风等谨按:大糵之率五十有四,合以麦数乘此率。术欲从省,先以等数九约之,所求之率得六,所有之率得五也。

注释

①少半:古指三分之一。后指不到一半。这里为 $\frac{1}{3}$。

②太半:大半,多半。这里为 $\frac{2}{3}$。

译文

现有粟1斗,想换成糙米。问:可换成多少?

答:换糙米6升。

折算方法:以粟换糙米,乘以3,除以5。(李淳风注:普遍折算方法,所有数乘以所求率作为被除数,所有率作为除数。本题目要求以粟换糙米,所以粟为所有数。3是糙米率,所以3为所求率。5为粟率,所以5为所有率。粟率50,糙米率30,退一位约简,所以说是3、5。)

现有粟2斗1升,想换成粺米。问:可换成多少?

答:换粺米 1 斗 1 $\frac{17}{50}$ 升。

折算方法:以粟换粺米,乘以 27,除以 50。(李淳风注:粺米率 27,所以直接乘以 27,除以 50。)

现有粟 4 斗 5 升,想换成精米。问:可换成多少?

答:换精米 2 斗 1 $\frac{3}{5}$ 升。

折算方法:以粟换精米,乘以 12,除以 25。(李淳风注:精米率 24,因为用它作率计算烦琐,所以取半。以所求率取半,乘所有数。所求率取半,所有率也应当取半。所以乘以 12,除以 25。)

现有粟 7 斗 9 升,想换成贡米。问:可换成多少?

答:换贡米 3 斗 3 $\frac{9}{50}$ 升。

折算方法:以粟换贡米,乘以 21,除以 50。

现有粟 1 斗,想换面粉。问:可换成多少?

答:换面粉 2 $\frac{7}{10}$ 升。

折算方法:以粟换面粉,乘以 27,除以 100。(李淳风注:面粉率 13 $\frac{1}{2}$。$\frac{1}{2}$ 以 2 作为分母,以 2 通分,得 27,作所求率。以分母 2 通分粟率,得 100,作所有率。凡是率中含有分数,必须先乘除通分,其他情况都仿照这个方法折算。)

现有粟 9 斗 8 升,想换麦麸。问:可换成多少?

答:换麦麸 10 斗 5 $\frac{21}{25}$ 升。

折算方法:以粟换麦麸,乘以 27,除以 25。(李淳风注:麦麸率 54,因为可以取半,所以乘以 27。就像以粟求精米那样,所求率和所有率都取半。)

现有粟 2 斗 3 升,想换糙米饭。问:可换成多少?

答:换糙米饭 3 斗 4 $\frac{1}{2}$ 升。

折算方法:以粟换糙米饭,乘以 3,除以 2。(李淳风注:糙米饭率 75,以粟换糙米饭,应当用这个数乘。现用等数 25 约简两个率,所求率得 3,所有率得 2。所以乘以 3,除以 2。)

现有粟 3 斗 6 升,想换粺米饭。问:可换成多少?

答:换粺米饭 3 斗 8 $\frac{22}{25}$ 升。

折算方法:以粟换粺米饭,乘以 27,除以 25。(李淳风注:本题目的折算方法和换麦麸的方法大致相同。)

现有粟 8 斗 6 升,想换精米饭。问:可换成多少?

答:换精米饭 8 斗 2 $\frac{14}{25}$ 升。

折算方法:以粟换精米饭,乘以 24,除以 25。(李淳风注:精米饭率 48,本题目也是两个率取半,作乘除。)

现有粟 9 斗 8 升,想换贡米饭。问:可换成多少?

答:换贡米饭 8 斗 2 $\frac{8}{25}$ 升。

折算方法:以粟换贡米饭,乘以 21,除以 25。(李淳风注:本题目中两个率取半,折算方法和换精米饭的方法大致相同。)

现有粟 3 斗 $\frac{1}{3}$ 升,想换大豆。问:可换成多少?

答:换大豆 2 斗 7 $\frac{3}{10}$ 升。

现有粟 4 斗 1 $\frac{2}{3}$ 升,想换小豆。问:可换成多少?

答:换小豆 3 斗 7 $\frac{1}{2}$ 升。

现有粟 5 斗 $\frac{2}{3}$ 升,想换芝麻。问:可换成多少?

答:换芝麻 4 斗 5 $\frac{3}{5}$ 升。

现有粟 10 斗 8 $\frac{2}{5}$ 升,想换麦。问:可换成多少?

答:换麦 9 斗 7 $\frac{14}{25}$ 升。

折算方法:以粟换大豆、小豆、芝麻、麦,都是乘以 9,除以 10。(李淳风注:以上四个题目中的率都是 45,都是以粟换算,所以都应当用粟数乘以这个率。为了计算简便,用等数 5 约简,所求率得 9,所有率得 10。所以乘以 9,除以 10,这就是折算道理。)

现有粟 7 斗 5 $\frac{4}{7}$ 升,想换稻谷。问:可换成多少?

答:换稻谷 9 斗 $\frac{24}{35}$ 升。

折算方法:以粟换稻谷,乘以 6,除以 5。(李淳风注:稻谷率 60,本题目也是两个率取半,作乘除。)

现有粟 7 斗 8 升,想换豆豉。问:可换成多少?

答:换豆豉 9 斗 8 $\frac{7}{25}$ 升。

折算方法:以粟换豆豉,乘以 63,除以 50。

现有粟 5 斗 5 升,想换飧。问:可换成多少?

答:换飧 9 斗 9 升。

折算方法:以粟换飧,乘以 9,除以 5。(李淳风注:飧率是 90,退一位,折算方法和换稻谷的方法大致相同。)

现有粟 4 斗,想换熟大豆。问:可换成多少?

答:换熟大豆 8 斗 2 $\frac{4}{5}$ 升。

折算方法:以粟换熟大豆,乘以 207,除以 100。(李淳风注:熟大豆率 103 $\frac{1}{2}$,$\frac{1}{2}$ 的分母是 2,所以以分母 2 通分。所求率乘以 2,所有率也应该随之增加。所以乘以 207,除以 100。)

现有粟 2 斗,想换麦芽。问:可换成多少?

答:换麦芽 7 斗。

折算方法:以粟换麦芽,乘以 7,除以 2。(李淳风注:麦芽率 175,应当用粟数乘以这个率。想要计算简便,先用等数 25 约简。所求率得 7，所有率得 2。所以乘以 7，除以 2。）

现有糙米 15 斗 5 $\frac{2}{5}$ 升，想换粟。问：可换成多少？

答：换粟 25 斗 9 升。

折算方法：以糙米换粟，乘以 5，除以 3。（李淳风注：上面的题目以粟换糙米，所以粟为所有数，3 为所求率，5 为所有率。现在本题目以糙米换粟，所以糙米为所有数，5 为所求率，3 为所有率。按照普遍折算方法计算，各个数和率应在各自的位置上。下面所有反折算题目大多同理，都照本题目的方法。）

现有粺米 2 斗，想换粟。问：可换成多少？

答：换粟 3 斗 7 $\frac{1}{27}$ 升。

折算方法：以粺米换粟，乘以 50，除以 27。

现有精米 3 斗 $\frac{1}{3}$ 升，想换粟。问：可换成多少？

答：换粟 6 斗 3 $\frac{7}{36}$ 升。

折算方法：以精米换粟，乘以 25，除以 12。

现有贡米 14 斗，想换粟。问：可换成多少？

答：换粟 33 斗 3 $\frac{1}{3}$ 升。

折算方法：以贡米换粟，乘以 50，除以 21。

现有稻谷 12 斗 6 $\frac{14}{15}$ 升,想换粟。问:可换成多少?

答:换粟 10 斗 5 $\frac{7}{9}$ 升。

折算方法:以稻谷换粟,乘以 5,除以 6。

现有糙米 19 斗 2 $\frac{1}{7}$ 升,想换粺米。问:可换成多少?

答:换粺米 17 斗 2 $\frac{13}{14}$ 升。

折算方法:以糙米换粺米,乘以 9,除以 10。(李淳风注:粺米率 27,应当用粝米数乘以这个率。想要计算简便,先用等数 3 约简,所求率得 9,所有率得 10。所以乘以 9,除以 10。)

现有糙米 6 斗 4 $\frac{3}{5}$ 升,想换糙米饭。问:可换成多少?

答:换糙米饭 16 斗 1 $\frac{1}{2}$ 升。

折算方法:以糙米换糙米饭,乘以 5,除以 2。(李淳风注:糙米饭率 75,应当用这个率乘以糙米数。想要计算简便,先用等数 15 约简,所求率得 5,所有率得 2。所以乘以 5,除以 2。)

现有糙米饭 7 斗 6 $\frac{4}{7}$ 升,想换飧。问:可换成多少?

答:换飧 9 斗 1 $\frac{31}{35}$ 升。

折算方法:以糙米饭换飧,乘以 6,除以 5。(李淳风

注:飧率 90,以糙米饭换飧,应当用这个率乘以糙米数。想要计算简便,先用等数 15 约简,所求率得 6,所有率得 5。所以乘以 6,除以 5。)

现有大豆 1 斗,想换熟大豆。问:可换成多少?

答:换熟大豆 2 斗 3 升。

折算方法:以大豆换熟大豆,乘以 23,除以 10。(李淳风注:熟大豆率 $103\frac{1}{2}$。因为有 $\frac{1}{2}$,所以各用分母 2 通分,应当用这个率乘以大豆数。想要计算简便,先用等数 9 约简,所求率得 $11\frac{1}{2}$,所有率得 5。)

现有大豆 2 斗,想换豆豉。问:可换多少?

答:换豆豉 2 斗 8 升。

折算方法:以大豆换豆豉,乘以 7,除以 5。(李淳风注:豆豉率是 63,以大豆换豆豉,应当用大豆率与之相乘。想要计算简便,先用等数 9 约简,所求率得 7,而所有率得 5。)

现有麦 8 斗 $6\frac{3}{7}$ 升,想换面粉。问:可换成多少?

答:换面粉 2 斗 5 $\frac{13}{14}$ 升。

折算方法:以麦换面粉,乘以 3,除以 10。(李淳风注:面粉率 $13\frac{1}{2}$,最好用分母 2 通分后,用这个率乘麦数。想要计算简便,先用等数 9 约简,所求率得 3,所有率得 10。)

现有麦 1 斗,想换麦麸。问:可换成多少?

答:换麦麸1斗2升。

折算方法:以麦换麦麸,乘以6,除以5。(李淳风注:麦麸率54,应当用这个率乘以麦数。想要计算简便,先用等数9约简,所求率得6,所有率得5。)

今有出钱一百六十,买瓴甓十八枚①。瓴甓,砖也。问:枚几何?

答曰:一枚,八钱九分钱之八。

今有出钱一万三千五百,买竹二千三百五十个。问:个几何?

答曰:一个,五钱四十七分钱之三十五。

经率 此今有之义,以所求率乘所有数,合以瓴甓一枚乘钱一百六十为实。但以一乘不长,故不复为乘,是以径将所买之率与所出之钱为法、实也。臣淳风等谨按:今有之义,出钱为所有数,一枚为所求率,所买为所有率,而今有之,即得所求数。一乘不长,故不复乘,是以径将所买之率为法,以所出之钱为实。故实如法得一枚钱。不尽者,等数约之而命分。术曰:以所买率为法,所出钱数为实,实如法得一钱。

注释

①瓴甓língpì:方砖。

现出 160 钱,买砖 18 枚。(刘徽注:瓴甓,是砖的意思。)问:每枚砖值多少?

答:每枚 $8\frac{8}{9}$ 钱。

现出 13 500 钱,买竹 2 350 棵。问:每棵竹值多少?

答:每棵 $5\frac{35}{47}$ 钱。

经率(刘徽注:按照今有法则,用所求率乘以所有数,所以将方砖 1 枚乘以 160 钱作为被除数。但是用 1 乘数值没有增加,所以不再作乘法,直接将所买率和所出钱分别作为除数、被除数。李淳风注:按照今有法则,所出钱为所有数,1 枚为所求率,所买作为所有率,计算即得所求数。用 1 乘数值不增长,所以不再作乘法,所以直接将所买率作为除数,所出钱作为被除数。被除数除以除数得到 1 枚砖的钱数。如果不能整除,就用等数约简后用分数表示。)法则:以所买率作为除数,所出钱数作为被除数,被除数除以除数得到单个物品的钱数。

今有出钱五千七百八十五,买漆一斛六斗七升太半升。欲斗率之,问:斗几何?

答曰：一斗，三百四十五钱五百三分钱之一十五。

今有出钱七百二十，买缣一匹二丈一尺①。欲丈率之，问：丈几何？

答曰：一丈，一百一十八钱六十一分钱之二。

今有出钱二千三百七十，买布九匹二丈七尺。欲匹率之，问：匹几何？

答曰：一匹，二百四十四钱一百二十九分钱之一百二十四。

今有出钱一万三千六百七十，买丝一石二钧一十七斤②。欲石率之，问：石几何？

答曰：一石，八千三百二十六钱一百九十七分钱之百七十八。

经率此术犹经分。臣淳风等谨按：今有之义，钱为所求率，物为所有数，故以乘钱，又以分母乘之为实。实如法而一。有分者通之。所买通分纳子为所有率，故以为法。得钱数。不尽而命分者，因法为母，实余为子。实见不满，故以命之。术曰：以所求率乘钱数为实，以所买率为法，实如法得一。

注释

①缣jiān：双丝织成的细绢，常用于赏赐、酬谢、馈赠等，亦用作货币。又为书写、绘画的材料。匹：量词。布帛4丈为1匹。

②石dàn：重量单位。120斤为1石。钧：重量单位。
30斤为1钧。

译文

现出5 785钱，买漆1斛6斗7$\frac{2}{3}$升。以斗为单位，问：每斗漆值多少？

答：每斗345$\frac{15}{503}$钱。

现出720钱，买细绢1匹2丈1尺。以丈为单位，问：每丈细绢值多少？

答：每丈118$\frac{2}{61}$钱。

现出2 370钱，买布9匹2丈7尺。以匹为单位，问：每匹布值多少？

答：每匹244$\frac{124}{129}$钱。

现出13 670钱，买丝1石2钧17斤。以石为单位，问：每石丝值多少？

答：每石8 326$\frac{178}{197}$钱。

经率(刘徽注：本法则如同分数除法法则。李淳风注：按照今有法则，出钱数作为所求率，物品单位作为所有数，所以用物品数乘以钱数，又以分母相乘作为被除数。被除数除以除数。有分数应通分。所买物品数通分加入分子,为所有率,作为除数。计算得到单位商品价格。如果不能整除含有分数,使除数作为分母,余数作为分子。不足整数用分数表示。)法则:以所求率乘以钱数作为被除数,所买率作为除数,被除数除以除数。

今有出钱五百七十六,买竹七十八个。欲其大小率之,问:各几何?

答曰:其四十八个,个七钱;其三十个,个八钱。

今有出钱一千一百二十,买丝一石二钧十八斤。欲其贵贱斤率之,问:各几何?

答曰:其二钧八斤,斤五钱;其一石一十斤,斤六钱。

今有出钱一万三千九百七十,买丝一石二钧二十八斤三两五铢①。欲其贵贱石率之,问:各几何?

答曰:其一钧九两一十二铢,石八千五十一钱;其一石一钧二十七斤九两一十七铢,石八千五十二钱。

今有出钱一万三千九百七十,买丝一石二钧二十八斤三两五铢。欲其贵贱钧率之,问:各几何?

答曰:其七斤一十两九铢,钧二千一十二钱;其一石二钧二十斤八两二十铢,钧二千一十三钱。

今有出钱一万三千九百七十,买丝一石二钧二十八斤三两五铢。欲其贵贱斤率之,问:各几何?

答曰：其一石二钧七斤十两四铢，斤六十七钱；其二十斤九两一铢，斤六十八钱。

今有出钱一万三千九百七十，买丝一石二钧二十八斤三两五铢。欲其贵贱两率之，问：各几何？

答曰：其一石一钧一十七斤一十四两一铢，两四钱；其一钧一十斤五两四铢，两五钱。

其率^{"其率"}知，欲令无分。按："出钱五百七十六，买竹七十八个"，以除钱，得七，实余三十，是为三十个复可增一钱。然则实余之数则是贵者之数。故曰"实贵"也。本以七十八个为法，今以贵者减之，则其余悉是贱者之数。故曰"法贱"也。"其求石、钧、斤、两，以积铢各除法、实，各得其积数，余各为铢"知，谓石、钧、斤、两积铢除实，又以石、钧、斤、两积铢除法，余各为铢。即合所问。术曰：各置所买石、钧、斤、两以为法，以所率乘钱数为实，实如法而一。不满法者，反以实减法，法贱实贵。其求石、钧、斤、两，以积铢各除法、实，各得其积数，余各为铢。

注释

①两：重量单位。古代16两为1斤。铢：古代衡制单位。24铢为1两。

译文

现出576钱，买竹78棵。想按大小论价，问：各多少钱？

答:其中 48 棵,每棵 7 钱;其余 30 棵,每棵 8 钱。

现出 1 120 钱,买丝 1 石 2 钧 18 斤。想按贵贱以斤论价,问:各多少钱?

答:其中 2 钧 8 斤,每斤 5 钱;其余 1 石 10 斤,每斤 6 钱。

现出 13 970 钱,买丝 1 石 2 钧 28 斤 3 两 5 铢。想按贵贱以石论价,问:各多少钱?

答:其中 1 钧 9 两 12 铢,每石 8 051 钱;其余 1 石 1 钧 27 斤 9 两 17 铢,每石 8 052 钱。

现出 13 970 钱,买丝 1 石 2 钧 28 斤 3 两 5 铢。想按贵贱以钧论价,问:各多少钱?

答:其中 7 斤 10 两 9 铢,每钧 2 012 钱;其余 1 石 2 钧 20 斤 8 两 20 铢,每钧 2 013 钱。

现出 13 970 钱,买丝 1 石 2 钧 28 斤 3 两 5 铢。想按贵贱以斤论价,问:各多少钱?

答:其中 1 石 2 钧 7 斤 10 两 4 铢,每斤 67 钱;其余 20 斤 9 两 1 铢,每斤 68 钱。

现出 13 970 钱,买丝 1 石 2 钧 28 斤 3 两 5 铢。想按贵贱以两论价,问:各多少钱?

答:其中 1 石 1 钧 17 斤 14 两 1 铢,每两 4 钱;其余 1 钧 10 斤 5 两 4 铢,每两 5 钱。

其率(刘徽注:"其率"是要令得数没有分数。按:"出 576 钱,买竹 78 棵",以竹数除出钱数,得 7,余 30。这个 30 可以使 30 棵竹的价格每棵增加 1 钱。所以法则

九章算术

82

说余数即贵的物品数量。所以,"余数就是贵的物品数"。本来以78作为除数,现在减去贵的物品数量,剩余是贱的物品数量。所以法则说"剩余的除数是贱的物品数"。"如果用石、钧、斤、两为单位,用铢数除剩余的除数和被除数,除得到石、钧、斤、两外,余数是铢数",指用石、钧、斤、两所含的铢数除贵、贱物品铢数,余数的单位也是铢,符合问题要求。)法则:所买物品的石、钧、斤、两作为除数,出钱数乘以物品单位作为被除数,被除数除以除数。如果有余数,余数就是贵的物品数量,用除数减去余数,剩余的除数就是贱的物品数量。如果用石、钧、斤、两为单位,用铢数除剩余的除数和被除数,除得到石、钧、斤、两外,余数是铢数。

今有出钱一万三千九百七十,买丝一石二钧二十八斤三两五铢。欲其贵贱铢率之,问:各几何?

答曰:其一钧二十斤六两十一铢,五铢一钱;其一石一钧七斤一十二两一十八铢,六铢一钱。

今有出钱六百二十,买羽二千一百翭^①。翭,羽本也。数羽称其本,犹数草本称其根株。欲其贵贱率之,问:各几何?

答曰:其一千一百四十翭,三翭一钱;其九百六十翭,四翭一钱。

今有出钱九百八十,买矢簳五千八百二十枚②。欲其贵贱率之,问:各几何?

答曰:其三百枚,五枚一钱;其五千五百二十枚,六枚一钱。

反其率臣淳风等谨按:"其率"者,钱多物少;"反其率"知,钱少物多。多少相反,故曰反其率也。其率者,以物数为法,钱数为实;反之知,以钱数为法,物数为实。不满法知,实余也。当以余数化为钱矣。法为凡钱,而今以化钱减之,故以实减法。"法少"知,经分之所得,故曰"法少";"实多"者,余分之所益,故曰"实多"。乘实宜以多,乘法宜以少。故曰"各以其所得多少之数乘法、实,即物数"。"其求石、钧、斤、两,以积铢各除法、实,各得其数,余各为铢"者,谓之石、钧、斤、两积铢除实,石、钧、斤、两积铢除法,余各为铢,即合所问。术曰:以钱数为法,所率为实,实如法而一。不满法者,反以实减法。法少实多。二物各以所得多少之数乘法、实,即物数。其率,按:出钱六百二十,买羽二千一百翭。反之,当二百四十钱,一钱四翭;其三百八十钱,一钱三翭。是钱有二价,物有贵贱。故以羽乘钱,反其率也。

注释

① 翭hóu:羽根。

② 簳gǎn:箭杆。

译文

现出 13 970 钱,买丝 1 石 2 钧 28 斤 3 两 5 铢。想按

贵贱以铢论价,问:各值多少钱?

答:其中 1 钧 27 斤 6 两 11 铢,5 铢值 1 钱;其余 1 石 1 钧 7 斤 12 两 18 铢,6 铢值 1 钱。

现出 620 钱,买箭羽 2 100 猴。(刘徽注:猴,就是羽的本。数羽称本,如同数草称根、数木称株。)想按贵贱论价,问:各值多少钱?

答:其中 1 140 猴,3 猴值 1 钱;其余 960 猴,4 猴值 1 钱。

现出 980 钱,买箭杆 5 820 枚。想按贵贱论价,问:各值多少钱?

答:其中 300 枚,5 枚值 1 钱;其余 5 520 枚,6 枚值 1 钱。

反其率(李淳风注:"其率法则"应用于出钱数多,买物品数少;"反其率法则"应用于出钱数少,买物品数多;多少正相反,所以称为反其率法则。其率法则,以买物品数作为除数,出钱数作为被除数;反过来以出钱数作为除数,买物品数作为被除数。余数应是贱的物品的钱数。除数是总钱数,用它减去余数,得到贵的物品的钱数。以每钱能买的较多的物品数乘以贱的物品的钱数,再以每钱能买的较少的物品数乘以贵的物品的钱数。所以法则说"用余数和除数,乘以买的多、少的物品数,得到贵贱物品的数"。"如果用石、钧、斤、两为单位,用铢数除剩余的除数和被除数,除得到石、钧、斤、两外,余数是铢数",指用石、钧、斤、两所含的铢数除贵、贱物品铢数,余数的单位也是铢,符合问题要求。)法则:以出钱数作为除数,买物品数作为被除数,被除数除以除数。如果有余数,余数是买的多的物品的数,用除数减去余数。所得是买的少的物品的数,用余数和剩余的除数,乘以买得多、少的物品数,得到贵贱物品的数。(刘徽注:按照其率法则,出620钱,买羽2 100猴。反过来,其中240钱,1钱值4猴,其余380钱,1钱值3猴。价钱有不同,物品有贵贱。所以用1钱能买羽的猴数乘以钱数,这是反其率法则。)

卷第三 衰分

衰分^①以御贵贱禀税^②

衰分衰分,差分也。**术曰:各置列衰**;列衰,相与率也。重叠,则可约。**副并为法,以所分乘未并者各自为实**。法集而衰别。数本一也。今以所分乘上别,以下集除之。一乘一除适足相消。故所分犹存,且各应率而别也。于今有术,列衰各为所求率,副并为所有率,所分为所有数。又以经分言之,假令甲家三人,乙家二人,丙家一人。并六人,共分十二,为人得二也。欲复作逐家者,则当列置人数,以一人所得乘之。今此术先乘而后除也。**实如法而一。不满法者,以法命之。**

注释

①衰cuī分:差分。衰,依次递减。

②禀lǐn:同"廪",赐谷。

译文

衰分(刘徽注:用来处理物品价格贵贱、分配及纳税。)

衰分(刘徽注:衰分就是有差异地分配。)法则:分别列出分配率;(分配率就是相与率。如果有重叠,可以约简。)相加作为除数。用所要分配的数乘对应的分配率分别作为被除数。(除数是分配率的集合,分配率是分别的。所分数本来是一个整体。现在用所要分配的数乘它们对应的分配率,再用分配率的集合除,一乘一除正好相消,所以要分配的数依然存在,且因为分配率的不同而有所差别。根据今有法则,分配率为所求率,分配率之和为所有率,所要分配的数为所有数。如果按照分数除法法则,假设甲家3人,乙家2人,丙家1人。相加共6人,一起分12,每人得2。想要得到具体每家的数,应当列出每家人数,用每人所得的数乘。现在此法则是先乘后除。)被除数除以除数。如果有余数用分数表示。

今有大夫①、不更②、簪裹③、上造④、公士⑤,凡五人,共猎得五鹿。欲以爵次分之,问:各得几何?

答曰:大夫得一鹿三分鹿之二;不更得一鹿三分鹿之一;簪裹得一鹿;上造得三分鹿之二;公士得三分鹿之一。

术曰:列置爵数,各自为衰;爵数者,谓大夫五,不更四,簪裹三,上造二,公士一也。《墨子·号令篇》以爵级为赐,然则战国之初有此名也。今有术,列衰各为所求率,副并为所有率,今有鹿数为所有数,而今有之,即得。副并为法;以五鹿乘未并者各自为实。实如法得一鹿。

今有牛、马、羊食人苗。苗主责之粟五斗。羊主曰：“我羊食半马。”马主曰：“我马食半牛。”今欲衰偿之，问：各出几何？

答曰：牛主出二斗八升七分升之四；马主出一斗四升七分升之二；羊主出七升七分升之一。

术曰：置牛四、马二、羊一，各自为列衰；副并为法；以五斗乘未并者各自为实。实如法得一斗。臣淳风等谨按：此术问意，羊食半马，马食半牛，是谓四羊当一牛，二羊当一马。今术置羊一、马二、牛四者，通其率以为列衰。

今有甲持钱五百六十，乙持钱三百五十，丙持钱一百八十，凡三人俱出关。关税百钱。欲以钱数多少衰出之，问：各几何？

答曰：甲出五十一钱一百九分钱之四十一；乙出三十二钱一百九分钱之一十二；丙出一十六钱一百九分钱之五十六。

术曰：各置钱数为列衰，副并为法，以百钱乘未并者，各自为实，实如法得一钱。臣淳风等谨按：此术甲、乙、丙持钱数以为列衰，副并为所有率，未并者各为所求率，百钱为所有数，而今有之，即得。

今有女子善织，日自倍。五日织五尺，问：日织几何？

答曰：初日织一寸三十一分寸之一十九；次日织三寸三十一分寸之七；次日织六寸三十一分寸之十四；次日织一尺二寸三十一分寸之二十八；次日织二

尺五寸三十一分寸之二十五。

术曰：置一、二、四、八、十六为列衰；副并为法；以五尺乘未并者，各自为实。实如法得一尺。

今有北乡算八千七百五十八⑥，西乡算七千二百三十六，南乡算八千三百五十六。凡三乡发徭三百七十八人。欲以算数多少衰出之，问：各几何？

答曰：北乡遣一百三十五人一万二千一百七十五分人之一万一千六百三十七；西乡遣一百一十二人一万二千一百七十五分人之四千四；南乡遣一百二十九人一万二千一百七十五分人之八千七百九。

术曰：各置算数为列衰；臣淳风等谨按：三乡算数，约、可半者，为列衰。副并为法；以所发徭人数乘未并者，各自为实。实如法得一人。按：此术，今有之义也。

今有禀粟，大夫、不更、簪褭、上造、公士，凡五人，一十五斗。今有大夫一人后来，亦当禀五斗。仓无粟，欲以衰出之，问：各几何？

答曰：大夫出一斗四分斗之一；不更出一斗；簪褭出四分斗之三；上造出四分斗之二；公士出四分斗之一。

术曰：各置所禀粟斛斗数，爵次均之，以为列衰；副并，加后来大夫亦五斗，得二十以为法；以五斗乘未并者，各自为实。实如法得一斗。禀前"五人十五斗"者，大夫得五斗，不更得四斗，簪裹得三斗，上造得二斗，公士得一斗。欲令五人各依所得粟多少减与后来大夫，即与前来大夫同。据前来大夫已得五斗，故言"亦"也。各以所得斗数为衰，并得十五，而加后来大夫亦五斗，凡二十，为法也。是为六人共出五斗，后来大夫亦俱损折。今有术，副并为所有率，未并者各为所求率，五斗为所有数，而今有之，即得。

今有禀粟五斛，五人分之。欲令三人得三，二人得二，问：各几何？

答曰：三人，人得一斛一斗五升十三分升之五；二人，人得七斗六升十三分升之十二。

术曰：置三人，人三；二人，人二，为列衰；副并为法；以五斛乘未并者各自为实。实如法得一斛。

注释

① 大夫：爵位名。秦、汉分爵位为公士、上造等二十级，其中大夫居第五级。

② 不更：爵位名。秦、汉二十等爵的第四级。

③ 簪裹 zān niǎo：亦作"簪袅"。秦汉时爵位名。列为第三级。

④ 上造：爵位名。秦、汉二十等爵的第二级，只高于公士。

⑤ 公士：爵位名。秦、汉二十等爵的第一级，即最低一级。有此爵之民，仍须服役，仅身份略优于无爵之人。

⑥ 算：这里指算赋，即汉代对成年人所征的丁口税。

译文

现有大夫、不更、簪裹、上造、公士 5 人,共猎得鹿 5 只。想按爵位的高低分配,问:各分到多少?

答:大夫得鹿 $1\frac{2}{3}$ 只,不更得鹿 $1\frac{1}{3}$ 只,簪裹得鹿 1 只,上造得鹿 $\frac{2}{3}$ 只,公士得鹿 $\frac{1}{3}$ 只。

解法:列出爵位等级数,各自取作分配率,(刘徽注:关于爵位等级数,大夫取 5,不更取 4,簪裹取 3,上造取 2,公士取 1。《墨子·号令篇》中曾说按爵位的等级进行赏赐,可见早在战国初期已经有这种分配制度。按照今有法则,分配率分别作为各自的所求率,分配率之和作为所有率,总鹿数作为所有数,运用今有法则,即可解答。)分配率相加作为除数,以鹿 5 只乘各自的分配率作为被除数。被除数除以除数,得到每人分到的鹿数。

现有牛、马、羊吃了人家的庄稼。庄稼的主人索要粟 5 斗作为赔偿。羊的主人说:"我的羊所吃的量是马的一半。"马的主人说:"我的马所吃的量是牛的一半。"想要按照这个分配率赔偿,问:各出多少?

答:牛的主人出 2 斗 $8\frac{4}{7}$ 升,马的主人出 1 斗 $4\frac{2}{7}$ 升,羊的主人出 $7\frac{1}{7}$ 升。

解法:列出分配率,令牛取 4,马取 2,羊取 1,相加作为除数,用 5 斗乘各自对应的分配率作为被除数。被除数除以除数,得到各自的斗数。(李淳风注:题目的意思是羊吃的量为马的一半,马吃的量为牛的一半,也就是 4 只羊吃 1 头牛的量,2 只羊吃 1 匹马的量。解法中令它们的比例为羊 1,马 2,牛 4,将它们通分并作为分配率。)

现甲有 560 钱,乙有 350 钱,丙有 180 钱,三人一起出关。关税 100 钱。想要按照所持钱数分配,问:各出多少?

答:甲出 $51\frac{41}{109}$ 钱,乙出 $32\frac{12}{109}$ 钱,丙出 $16\frac{56}{109}$ 钱。

解法:分别使所持钱数作为分配率,并相加作为除数,用 100 钱乘各自对应的分配率,作为被除数。被除数除以除数,得到每人的钱数。(李淳风注:本题目中以甲、乙、丙所持钱数作为分配率,使它们相加作为所有率,各自对应的分配率作为所求率,100 钱作为所有数,运用今有法则,即可解答。)

现有一女子擅长织布,每日织布量加一倍。5 天织布 5 尺,问:每日织布多少?

答:第一天织布 $1\frac{19}{31}$ 寸,第二天织布 $3\frac{7}{31}$ 寸,第三天织布 $6\frac{14}{31}$ 寸,第四天织布 1 尺 $2\frac{28}{31}$ 寸,第五天织布 2 尺 $5\frac{25}{31}$ 寸。

解法:取 1、2、4、8、16 作为分配率,相加作为除数,用 5 尺乘各自对应的分配率,作为被除数。被除数除以除数,得到每天织布数量。

现北乡有成年人 8 758,西乡有成年人 7 236,南乡有成年人 8 356。三乡共派徭役 378 人。想要按各乡人数分配,问:三乡各派多少人?

答:北乡派 $135\frac{11\,637}{12\,175}$ 人,西乡派 $112\frac{4\,004}{12\,175}$ 人,南乡派 $129\frac{8\,709}{12\,175}$ 人。

解法:取各乡成年人数分别作为分配率,(李淳风注:三乡的成年人数,应约简,取半,作为分配率。)相加作为除数。用三乡共派徭役数乘各自对应的分配率,作为被除数。被除数除以除数,得到各乡派徭役的人数。

现发放粟,大夫、不更、簪袅、上造、公士共 5 人,粟 15 斗。现在另外有一个大夫后到,也应当领粟 5 斗。但是仓廪中已经没有米了,想要每人按爵位各拿出一些给他,问:各出多少?

答:大夫出 $1\frac{1}{4}$ 斗,不更出 1 斗,簪袅出 $\frac{3}{4}$ 斗,上造出 $\frac{2}{4}$ 斗,公士出 $\frac{1}{4}$ 斗。

解法:列出所要发送的粟斗数,按爵位分配,所分斗数分别作为分配率,相加,再加上后到的大夫的分配率,也是 5,总和是 20,作为除数。以 5 斗乘各自对应的分配率,作为被除数。被除数除以除数,得到每人应出的斗数。(刘徽注:未发放粟时"5 人 15 斗",大夫 5 斗,不更 4 斗,簪裹 3 斗,上造 2 斗,公士 1 斗。想要依据各人所得粟多少拿给后到的大夫,后到的大夫应与前面的大夫相同。根据前面的大夫得 5 斗,所以说后到的大夫"也是"5 斗。根据所得斗数为分配率,相加得 15,加上后到大夫的 5,是 20,作为除数。所以 6 人共出 5 斗,后到的大夫同样也有减损。按照今有法则,分配率相加之和为所有率,各自对应的分配率为所求率,5 斗为所有数,运用今有法则,即可解答。)

现有待发放粟 5 斛,5 人分配。想要 3 人每人得 3 份,2 人每人得 2 份,问:各得多少?

答:3 人,每人得 1 斛 1 斗 5 $\frac{5}{13}$ 升;2 人,每人得 7 斗 6 $\frac{12}{13}$ 升。

解法:列 3 人每人 3,2 人每人 2,作为分配率。相加之和作为除数。用 5 斛乘各自对应的分配率,作为被除数。被除数除以除数,得到每人得到的斛数。

返衰 以爵次言之,大夫五、不更四……欲令高爵得多者,当使大夫一人受五分,不更一人受四分……人数为母,分数为子。母同则子齐,齐即衰也。故上衰分宜以五、四为列焉。今此令高爵出少,则当使大夫五人共出一人分,不更四人共出一人分,故谓之返衰①。人数不同,则分数不齐。当令母互乘子。母互乘子,则动者为不动者衰也。亦可先同其母,各以分母约,其子为返衰。副并为法。以所分乘未并者,各自为实。实如法而一。**术曰:列置衰而令相乘,动者为不动者衰。**

注释

①衰分法则中,大夫、不更、簪褭、上造、公士的分配率为5、4、3、2、1。在返衰法则中,大夫、不更、簪褭、上造、公士的分配率为$\frac{1}{5}$、$\frac{1}{4}$、$\frac{1}{3}$、$\frac{1}{2}$、1。

译文

返衰(刘徽注:按照爵位等级,大夫5、不更4……想要爵位高的人多得到,就使大夫一人得5份,不更一人得4份……人数作为分母,份数作为分子。分母相同分子相齐,相齐可以作为分配率。所以上面的分配率应该列为5、4。现在如果令爵位高的人出得少,那么大夫5个人出一份,不更4个人出1份,这就是返衰。人数不同,则份数不相齐。应当使分母互乘分子。分母互乘分子,则变动代替不变动作为分配率。也可以先是分母先通过,各自以分母相约,分子作为返衰的分配率。相加作为除数。以所分配的数量乘对应的分配率,分别为被除数。

被除数除以除数。)法则:列出分配率使它们相乘,变动的代替不变动的作为分配率。

今有大夫、不更、簪褭、上造、公士凡五人,共出百钱。欲令高爵出少,以次渐多,问:各几何?

答曰:大夫出八钱一百三十七分钱之一百四,不更出一十钱一百三十七分钱之一百三十,簪褭出一十四钱一百三十七分钱之八十二,上造出二十一钱一百三十七分钱之一百二十三,公士出四十三钱一百三十七分钱之一百九。

术曰:置爵数,各自为衰,而返衰之。副并为法;以百钱乘未并者,各自为实。实如法得一钱。

今有甲持粟三升,乙持粝米三升,丙持粝饭三升。欲令合而分之,问各几何?

答曰:甲二升一十分升之七,乙四升一十分升之五,丙一升一十分升之八。

术曰:以粟率五十、粝米率三十、粝饭率七十五为衰,而返衰之。副并为法。以九升乘未并者,各自为实。实如法得一升。按:此术,三人所持升数虽等,论其本率,精粗不同。米率虽少,令最得多;饭率虽多,返使得少。故令返之,使精得多而粗得少。于今有术,副并为所有率,未并者各为所求率,九升为所有数,而今有之,即得。

译文

现有大夫、不更、簪褭、上造、公士5人,共出100钱。想要使爵位高的人少出,爵位低的人多出,问:各出多少?

答:大夫出 $8\frac{104}{137}$ 钱,不更出 $10\frac{130}{137}$ 钱,簪褭出 $14\frac{82}{137}$ 钱,上造出 $21\frac{123}{137}$ 钱,公士出 $43\frac{109}{137}$ 钱。

解法:列出爵位等级,运用返衰法则进行计算,得出分配率。分配率相加,用100钱乘对应的分配率,分别作为被除数。被除数除以除数,得到每人出的钱数。

现甲有粟3升,乙有糙米3升,丙有糙米饭3升。想要把它们合起来重新分,问:各分到多少?

答:甲分到 $2\frac{7}{10}$ 升,乙分到 $4\frac{5}{10}$ 升,丙分到 $1\frac{8}{10}$ 升。

解法:列出粟率50,糙米率30,糙米饭率75,运用返衰法则。将得到的分配率相加作为除数,用9升乘对应的分配率,作为被除数。被除数除以除数,得到每人分到的粮食数量。(刘徽注:本题目中,三人所持粮食升数虽然相等,但是它们的率和精粗不同。糙米率虽然小,但应分得的份数多;糙米饭率虽然大,但应分得的份数少。所以,精粮应该分得多,粗粮应该分得少。按照今有法则,分配率相加之和作为所有率,各自对应的分配率作为所求率,9升作为所有数,按今有法则计算即可解答。)

今有丝一斤,价直二百四十。今有钱一千三百二十八,问:得丝几何?

答曰:五斤八两一十二铢五分铢之四。

术曰:以一斤价数为法,以一斤乘今有钱数为实。实如法得丝数。按:此术今有之义,以一斤价为所有率,一斤为所求率,今有钱为所有数,而今有之,即得。

今有丝一斤,价直三百四十五。今有丝七两一十二铢,问得钱几何?

答曰:一百六十一钱三十二分钱之二十三。

术曰:以一斤铢数为法,以一斤价数乘七两一十二铢为实。实如法得钱数。臣淳风等谨按:此术亦今有之义。以丝一斤铢数为所有率,价钱为所求率,今有丝为所有数,而今有之,即得。

今有缣一丈,价直一百二十八。今有缣一匹九尺五寸,问:得钱几何?

答曰:六百三十三钱五分钱之三。

术曰:以一丈寸数为法,以价钱数乘今有缣寸数为实。实如法得钱数。臣淳风等谨按:此术亦今有之义。以缣一丈寸数为所有率,价钱为所求率,今有缣寸数为所有数,而今有之,即得。

今有布一匹,价直一百二十五。今有布二丈七尺,问:得钱几何?

答曰:八十四钱八分钱之三。

术曰:以一匹尺数为法,今有布尺数乘价钱为实。实如法得钱数。臣淳风等谨按:此术亦今有之义。以一匹尺数为所有率,价钱为所求率,今有布为所有数,今有之,即得。

今有素一匹一丈,价直六百二十五。今有钱五百,问:得素几何?

答曰:得素一匹。

术曰:以价直为法,以一匹一丈尺数乘今有钱数为实。实如法得素数。臣淳风等谨按:此术亦今有之义。以价钱为所有率,五丈尺数为所求率,今有钱为所有数,今有之,即得。

今有与人丝一十四斤,约得缣一十斤。今与人丝四十五斤八两,问:得缣几何?

答曰:三十二斤八两。

术曰:以一十四斤两数为法,以一十斤乘今有丝两数为实。实如法得缣数。臣淳风等谨按:此术亦今有之义。以一十四斤两数为所有率,一十斤为所求率,今有丝为所有数,而今有之,即得。

今有丝一斤,耗七两。今有丝二十三斤五两,问:耗几何?

答曰:一百六十三两四铢半。

术曰:以一斤展十六两为法,以七两乘今有丝两数为实。实如法得耗数。臣淳风等谨按：此术亦今有之义。以一斤为十六两为所有率，七两为所求率，今有丝为所有数，而今有之，即得。

今有生丝三十斤，干之，耗三斤十二两。今有干丝一十二斤，问：生丝几何？

答曰：一十三斤一十一两十铢七分铢之二。

术曰：置生丝两数，除耗数，余，以为法。余四百二十两，即干丝率。三十斤乘干丝两数为实。实如法得生丝数。凡所得率知，细则俱细，粗则俱粗，两数相抱而已。故品物不同，如上缣、丝之比，相与率焉。三十斤凡四百八十两，令生丝率四百八十两，令干丝率四百二十两，则其数相通。可俱为铢，可俱为两，可俱为斤，无所归滞也。若然，宜以所有干丝斤数乘生丝两数为实。今以斤、两错互，而亦同归者，使干丝以两数为率，生丝以斤数为率，譬之异类，亦各有一定之势。臣淳风等谨按：此术，置生丝两数，除耗数，余即干丝之率，于今有术为所有率；三十斤为所求率，干丝两数为所有数。凡所为率者，细则俱细，粗则俱粗。今以斤乘两知，干丝即以两数为率，生丝即以斤数为率，譬之异物，各有一定之率也。

今有田一亩，收粟六升太半升。今有田一顷二十六亩一百五十九步，问：收粟几何？

答曰：八斛四斗四升一十二分升之五。

术曰：以亩二百四十步为法，以六升太半升乘今有田积步为实。实如法得粟数。臣淳风等谨按：此术亦今有之义。以一亩步数为所有率，六升太半升为所求率，今有田积步为所有数，而今有之，即得。

今有取保一岁^①，价钱二千五百。今先取一千二百，问：当作日几何？

答曰：一百六十九日二十五分日之二十三。

术曰：以价钱为法；以一岁三百五十四日乘先取钱数为实。实如法得日数。臣淳风等谨按：此术亦今有之义。以价为所有率，一岁日数为所求率，取钱为所有数，而今有之，即得。

今有贷人千钱，月息三十。今有贷人七百五十钱，九日归之，问：息几何？

答曰：六钱四分钱之三。

术曰：以月三十日乘千钱为法；以三十日乘千钱为法者，得三万，是为贷人钱三万，一日息三十也。以息三十乘今所贷钱数，又以九日乘之，为实。实如法得一钱。以九日乘今所贷钱为今一日所有钱，于今有术为所有数；息三十为所求率；三万钱为所有率。此又可以一月三十日约息三十钱，为十分一日，以乘今一日所有钱为实；千钱为法。为率者，当等之于一也。故三十日或可乘本，或可约息，皆所以等之也。

注释

①保：佣工。

译文

现有丝1斤，值240钱。现有1 328钱，问：可以得到多少丝?

答:得 5 斤 8 两 12 $\frac{4}{5}$ 铢。

解法:用 1 斤丝价钱作为除数,用 1 斤乘现有钱数作为被除数,被除数除以除数,得到丝数。(刘徽注:本题和今有法则同义。以 1 斤价格作为所有率,1 斤作为所求率,现有钱数作为所有数,运用今有法则,即可解答。)

现有丝 1 斤,值 345 钱。现有丝 7 两 12 铢,问:可以得到多少钱?

答:得 161 $\frac{23}{32}$ 钱。

解法:用 1 斤所含的铢数作为除数,用 1 斤丝的价格乘 7 两 12 铢作为被除数。被除数除以除数,得到钱数。(李淳风注:本题也和今有法则同义。以 1 斤的铢数作为所有率,1 斤的价格作为所求率,现有丝数作为所有数,运用今有法则,即可解答。)

现有细绢 1 丈,值 128 钱。现有细绢 1 匹 9 尺 5 寸,问:可以得到多少钱?

答:得 633 $\frac{3}{5}$ 钱。

解法:用 1 丈所含的寸数作为除数,用 1 丈细绢的价格乘现有细绢的寸数作为被除数。被除数除以除数,得到钱数。(李淳风注:本题也和今有法则同义。以 1 丈所含的寸数作为所有率,1 丈细绢的价格作为所求率,现有细绢的寸数作为所有数,运用今有法则,即可解答。)

现有布1匹,值125钱。现有布2丈7尺,问:可以得到多少钱?

答:得84$\frac{3}{8}$钱。

解法:用1匹所含的尺数作为除数,用现有布的尺数乘布的价格作为被除数。被除数除以除数,得到钱数。(李淳风注:本题也和今有法则同义。以1匹所含的尺数作为所有率,1匹布的价格作为所求率,现有布的尺数作为所有数,运用今有法则,即可解答。)

现有素帛1匹1丈,值625钱。现有500钱,问:可以得到多少素帛?

答:得1匹。

解法:用素帛的价格作为除数,用1匹1丈的尺数乘现有钱数作为被除数。被除数除以除数,得到素帛数。(李淳风注:本题也和今有法则同义。以素帛的价格作为所有率,5丈素帛的价格作为所求率,现有钱数作为所有数,运用今有法则,即可解答。)

现有丝14斤,换细绢10斤。现拿出丝45斤8两,问:换细绢多少?

答:换32斤8两。

解法:用14斤所含的两数作为除数,用10斤乘现有丝的两数作为被除数。被除数除以除数,得到细绢数。

（李淳风注：本题也和今有法则同义。以 14 斤的两数作为所有率，10 斤作为所求率，现有丝数作为所有数，运用今有法则，即可解答。）

现有丝 1 斤，损耗 7 两。现有丝 23 斤 5 两，问：损耗多少？

答：损耗 163 两 4 $\frac{1}{2}$ 铢。

解法：用 1 斤化为 16 两作为除数，用 7 两乘现有丝的两数作为被除数。被除数除以除数，得到损耗数。（李淳风注：本题也和今有法则同义。以 1 斤化成的 16 两作为所有率，7 两作为所求率，现有丝数作为所有数，运用今有法则，即可解答。）

现有生丝 30 斤，晒干后损耗 3 斤 12 两。现有干丝 12 斤，问：原先生丝有多少？

答：13 斤 11 两 10 $\frac{2}{7}$ 铢。

解法：用生丝的两数减去损耗数，余数作为除数。（刘徽注：余数 420 两，即干丝率。）用 30 斤干丝的两数作为被除数。被除数除以除数，得到生丝数。（刘徽注：组成率的两个数，即可细分也可粗分。它们互相关联。所以物品不同，比如上面提到的细绢和丝的比例，就是相与率。30 斤为 480 两。使生丝率 480 两，干丝率 420 两，两个率相通。单位可以用铢，可以用两，可以用斤，计算就没有阻碍。如果这样，应该用所有干丝斤数乘生丝两数作为被除数。现在将斤、两错互,干丝用两作率的单位,生丝用斤数作率的单位,不同单位混合使用,结果却一样。原因是虽然单位不同,但其中的比值是恒定的。李淳风注:本题中,生丝的两数减去损耗数,余数就是干丝率。按照今有法则,它作为所有率,30 斤作为所求率,干丝的两数作为所有数。凡是组成率的两个数,即可细分也可粗分。现在以斤乘两,干丝的率以两数作为单位,生丝的率以斤数作为单位,虽然是不同的单位,但也有恒定的比例关系。)

现有田 1 亩,收获粟 $6\frac{2}{3}$ 升。现有田 1 顷 26 亩 159 步,问:收粟多少?

答:8 斛 4 斗 4 $\frac{5}{12}$ 升。

解法:用 1 亩包含的步数 240 作为除数,用 $6\frac{2}{3}$ 升乘现有田的积步数作为被除数。被除数除以除数,得到粟数。(李淳风注:本题也和今有法则同义。以 1 亩包含的步数作为所有率,$6\frac{2}{3}$ 升作为所求率,现有田的积步数作为所有数,运用今有法则,即可解答。)

现雇佣工 1 年,价格 2 500 钱。现先领取 1 200 钱,问:工作多少天?

答:$169\frac{23}{25}$ 天。

解法:用价钱作为除数,用1年包含的354天乘先领取的钱数作为被除数。被除数除以除数,得到工作天数。(李淳风注:本题也和今有法则同义。以价钱作为所有率,1年包含的天数作为所求率,先领取的钱数作为所有数,运用今有法则,即可解答。)

现向别人借1 000钱,月利息30钱。现借750钱,9天归还,问:利息有多少?

答:$6\frac{3}{4}$钱。

解法:用1月包含的30天乘1 000钱作为除数,(刘徽注:用30天乘1 000钱作为除数,得30 000,等于借30 000钱,1天的利息是30钱。)用利息30钱乘现借的钱数,再乘9天,作为被除数。被除数除以除数,得到利息钱数。(刘徽注:用9天乘现借钱数作为1天借的钱数,按照今有法则,作为所有数。利息30钱作为所求率,30 000钱作为所有率。也可以用1月30天约利息30钱,得1天1钱。乘这样计算下的1天借钱数作为被除数。1 000钱作为除数。率等于1。所以30天可以乘本来借的钱,也可以除利息,结果都一样。)

卷第四　少广

少广以御积幂方圆

少广臣淳风等谨按:一亩之田,广一步,长二百四十步。今欲截取其纵少,以益其广,故曰少广。**术曰**:置全步及分母子,以最下分母遍乘诸分子及全步,臣淳风等谨按:以分母乘全者,通其分也;以母乘子者,齐其子也。**各以其母除其子,置之于左;命通分者,又以分母遍乘诸分子及已通者,皆通而同之。并之为法。**臣淳风等谨按:诸子悉通,故可并之为法。亦宜用合分术,列数尤多。若用乘则算数至繁,故别制此术,从省约。**置所求步数,以全步积分乘之为实。**此以田广为法,以亩积步为实。法有分者,当同其母,齐其子,以同乘法实,而并齐于法。今以分母乘全步及子,子如母而一,并以并全法,则法实俱长,意亦等也。故如法而一,得纵步数。**实如法而一,得纵步。**

译文

　　少广(刘徽注:用来处理方形和圆形的面积和体积问题。)

　　少广(李淳风注:1 亩田,宽 1 步,长 240 步。现在想要截取长度,增加到宽度上,这就是少广。)法则:列出步数的整数部分及分母分子,用最大的分母乘每个分子及整数部分,(李淳风注:用分母乘整数部分是为了通分;用分母乘分子是为了使分子相齐。)各分子除以其分母,置于左边;通分,又用其次的分母乘每个分子和已经通分的数,使分母通过通分而相同。并将它们相加之和作为除数。(李淳风注:各分子相通,可以相加作为除数。也可以用分数加法法则,只是数的个数太多。如果用乘法算法就比较复杂,所以为了计算简便,特意制定本法则。)列出所求步数,乘以整数部分的积分作为被除数。(刘徽注:本法则以田的宽作为除数,以亩的积步作为被除数。如果除数有分数,应该使分母相同,分子相齐,以同乘除数和被除数,相加齐作为除数。现用分母乘步数的整数部分和分子,分子除以分母,加入全部除数中,所以除数和被除数共同增长,数值相等。所以除以除数,得到长的步数。)被除数除以除数,得到长的步数。

今有田广一步半。求田一亩,问:纵几何?

答曰:一百六十步。

术曰:下有半,是二分之一。以一为二,半为一,并之得三,为法。置田二百四十步,亦以一为二乘之,为实。实如法得纵步。

今有田广一步半、三分步之一。求田一亩,问:纵几何?

答曰:一百三十步一十一分步之一十。

术曰:下有三分,以一为六,半为三,三分之一为二,并之得一十一,以为法。置田二百四十步,亦以一为六乘之,为实。实如法得纵步。

今有田广一步半、三分步之一、四分步之一。求田一亩,问:纵几何?

答曰:一百一十五步五分步之一。

术曰:下有四分,以一为一十二,半为六,三分之一为四,四分之一为三,并之得二十五,以为法。置田二百四十步,亦以一为一十二乘之,为实。实如法而一,得纵步。

今有田广一步半、三分步之一、四分步之一、五分步之一。求田一亩,问:纵几何?

答曰:一百五步一百三十七分步之一十五。

术曰:下有五分,以一为六十,半为三十,三分之一为二十,四分之一为一十五,五分之一为一十二,并之得一百三十七,以为法。置田二百四十步,亦以一为六十乘之,为实。实如法得纵步。

今有田广一步半、三分步之一、四分步之一、五分步之一、六分步之一。求田一亩,问:纵几何?

答曰:九十七步四十九分步之四十七。

术曰：下有六分，以一为一百二十，半为六十，三分之一为四十，四分之一为三十，五分之一为二十四，六分之一为二十，并之得二百九十四，以为法。置田二百四十步，亦以一为一百二十乘之，为实。实如法得纵步。

今有田广一步半、三分步之一、四分步之一、五分步之一、六分步之一、七分步之一。求田一亩，问：纵几何？

答曰：九十二步一百二十一分步之六十八。

术曰：下有七分，以一为四百二十，半为二百一十，三分之一为一百四十，四分之一为一百五，五分之一为八十四，六分之一为七十，七分之一为六十，并之得一千八十九，以为法。置田二百四十步，亦以一为四百二十乘之，为实。实如法得纵步。

今有田广一步半、三分步之一、四分步之一、五分步之一、六分步之一、七分步之一、八分步之一。求田一亩，问：纵几何？

答曰：八十八步七百六十一分步之二百三十二。

术曰：下有八分，以一为八百四十，半为四百二十，三分之一为二百八十，四分之一为二百一十，五分之一为一百六十八，六分之一为一百四十，七分之一为一百二十，八分之一为一百五，并之得二千二百八十三，以为法。置田二百四十步，亦以一为八百四十乘之，为实。实如法得纵步。

今有田广一步半、三分步之一、四分步之一、五分步之一、六分步之一、七分步之一、八分步之一、九分步之一。求田一亩，问：纵几何？

答曰：八十四步七千一百二十九分步之五千九百六十四。

术曰：下有九分，以一为二千五百二十，半为一千二百六十，三分之一为八百四十，四分之一为六百三十，五分之一为五百四，六分之一为四百二十，七分之一为三百六十，八分之一为三百一十五，九分之一为二百八十，并之得七千一百二十九，以为法。置田二百四十步，亦以一为二千五百二十乘之，为实。实如法得纵步。

今有田广一步半、三分步之一、四分步之一、五分步之一、六分步之一、七分步之一、八分步之一、九分步之一、十分步之一。求田一亩，问：纵几何？

答曰：八十一步七千三百八十一分步之六千九百三十九。

术曰：下有一十分，以一为二千五百二十，半为一千二百六十,三分之一为八百四十,四分之一为六百三十,五分之一为五百四,六分之一为四百二十,七分之一为三百六十,八分之一为三百一十五,九分之一为二百八十,十分之一为二百五十二,并之得七千三百八十一,以为法。置田二百四十步,亦以一为二千五百二十乘之,为实。实如法得纵步。

今有田广一步半、三分步之一、四分之步一、五分步之一、六分步之一、七分步之一、八分步之一、九分步之一、十分步之一、十一分步之一。求田一亩,问:纵几何?

答曰:七十九步八万三千七百一十一分步之三万九千六百三十一。

术曰:下有一十一分,以一为二万七千七百二十,半为一万三千八百六十,三分之一为九千二百四十,四分之一为六千九百三十,五分之一为五千五百四十四,六分之一为四千六百二十,七分之一为三千九百六十,八分之一为三千四百六十五,九分之一为三千八十,一十分之一为二千七百七十二,一十一分之一为二千五百二十,并之得八万三千七百一十一,以为法。置田二百四十步,亦以一为二万七千七百二十乘之,为实。实如法得纵步。

今有田广一步半、三分步之一、四分步之一，五分步之一、六分步之一、七分步之一、八分步之一、九分步之一、十分步之一、十一分步之一、十二分步之一。求田一亩，问：纵几何？

答曰：七十七步八万六千二十一分步之二万九千一百八十三。

术曰：下有一十二分，以一为八万三千一百六十，半为四万一千五百八十，三分之一为二万七千七百二十，四分之一为二万七百九十，五分之一为一万六千六百三十二，六分之一为一万三千八百六十，七分之一为一万一千八百八十，八分之一为一万三百九十五，九分之一为九千二百四十，一十分之一为八千三百一十六，十一分之一为七千五百六十，十二分之一为六千九百三十，并之得二十五万八千六十三，以为法。置田二百四十步，亦以一为八万三千一百六十乘之，为实。实如法得纵步。臣淳风等谨按：凡为术之意，约省为善。宜云"下有一十二分，以一为二万七千七百二十，半为一万三千八百六十，三分之一为九千二百四十，四分之一为六千九百三十，五分之一为五千五百四十四，六分之一为四千六百二十，七分之一为三千九百六十，八分之一为三千四百六十五，九分之一为三千八十，十分之一为二千七百七十二，十一分之一为二千五百二十，十二分之一为二千三百一十，并之得八万六千二十一，以为法。置田二百四十步，亦以一为二万七千七百二十乘之,以为实。实如法得纵步。"其术亦得知,不繁也。

译文

现有田宽 $1\frac{1}{2}$ 步。已知田的面积是 1 亩,问:田的长是多少?

答:160 步。

解法:下有半,即 $\frac{1}{2}$。将 1 化成 2,$\frac{1}{2}$ 化成 1,相加得 3,作为除数。将田的面积 240 步^2,也按照 1 化成 2 相乘,作为被除数。被除数除以除数,得到田的长的步数。

现有田宽 $1\frac{1}{2}$ 步、加 $\frac{1}{3}$ 步。已知田的面积是 1 亩,问:田的长是多少?

答:$130\frac{10}{11}$步。

解法:下有分母 3。将 1 化成 6,$\frac{1}{2}$ 化成 3,$\frac{1}{3}$ 化成 2。相加得 11,作为除数。将田的面积 240 步^2,也按照 1 化成 6 相乘,作为被除数。被除数除以除数,得到田的长的步数。

现有田宽 $1\frac{1}{2}$ 步、加 $\frac{1}{3}$ 步、$\frac{1}{4}$ 步。已知田的面积是 1 亩,问:田的长是多少?

答:$115\frac{1}{5}$步。

解法:下有分母 4。将 1 化成 12,$\frac{1}{2}$ 化成 6,$\frac{1}{3}$ 化成 4,$\frac{1}{4}$ 化成 3。相加得 25,作为除数。将田的面积 240 步^2,也按照 1 化成 12 相乘,作为被除数。被除数除以除数,得到田的长的步数。

现有田宽 1 $\frac{1}{2}$ 步、加 $\frac{1}{3}$ 步、$\frac{1}{4}$ 步、$\frac{1}{5}$ 步。已知田的面积是 1 亩,问:田的长是多少?

答:105 $\frac{15}{137}$ 步。

解法:下有分母 5。将 1 化成 60,$\frac{1}{2}$ 化成 30,$\frac{1}{3}$ 化成 20,$\frac{1}{4}$ 化成 15,$\frac{1}{5}$ 化成 12。相加得 137,作为除数。将田的面积 240 步^2,也按照 1 化成 60 相乘,作为被除数。被除数除以除数,得到田的长的步数。

现有田宽 1 $\frac{1}{2}$ 步、加 $\frac{1}{3}$ 步、$\frac{1}{4}$ 步、$\frac{1}{5}$ 步、$\frac{1}{6}$ 步。已知田的面积是 1 亩,问:田的长是多少?

答:97 $\frac{47}{49}$ 步。

解法:下有分母 6。将 1 化成 120,$\frac{1}{2}$ 化成 60,$\frac{1}{3}$ 化成 40,$\frac{1}{4}$ 化成 30,$\frac{1}{5}$ 化成 24,$\frac{1}{6}$ 化成 20。相加得 294,作为

除数。将田的面积 240 步²,也按照 1 化成 120 相乘,作为
被除数。被除数除以除数,得到田的长的步数。

现有田宽 $1\frac{1}{2}$ 步、加 $\frac{1}{3}$ 步、$\frac{1}{4}$ 步、$\frac{1}{5}$ 步、$\frac{1}{6}$ 步、$\frac{1}{7}$ 步。
已知田的面积是 1 亩,问:田的长是多少?

答:$92\frac{68}{121}$ 步。

解法:下有分母 7。将 1 化成 420,$\frac{1}{2}$ 化成 210,$\frac{1}{3}$ 化
成 140,$\frac{1}{4}$ 化成 105,$\frac{1}{5}$ 化成 84,$\frac{1}{6}$ 化成 70,$\frac{1}{7}$ 化成 60。相
加得 1 089,作为除数。将田的面积 240 步²,也按照 1 化
成 420 相乘,作为被除数。被除数除以除数,得到田的长
的步数。

现有田宽 $1\frac{1}{2}$ 步、加 $\frac{1}{3}$ 步、$\frac{1}{4}$ 步、$\frac{1}{5}$ 步、$\frac{1}{6}$ 步、$\frac{1}{7}$ 步、$\frac{1}{8}$
步。已知田的面积是 1 亩,问:田的长是多少?

答:$88\frac{232}{761}$ 步。

解法:下有分母 8。将 1 化成 840,$\frac{1}{2}$ 化成 420,$\frac{1}{3}$ 化
成 280,$\frac{1}{4}$ 化成 210,$\frac{1}{5}$ 化成 168,$\frac{1}{6}$ 化成 140,$\frac{1}{7}$ 化成 120,
$\frac{1}{8}$ 化成 105。相加得 2 283,作为除数。将田的面积 240
步²,也按照 1 化成 840 相乘,作为被除数。被除数除以

除数,得到田的长的步数。

现有田宽 1 $\frac{1}{2}$ 步、加 $\frac{1}{3}$ 步、$\frac{1}{4}$ 步、$\frac{1}{5}$ 步、$\frac{1}{6}$ 步、$\frac{1}{7}$ 步、$\frac{1}{8}$ 步、$\frac{1}{9}$ 步。已知田的面积是 1 亩,问:田的长是多少?

答:84 $\frac{5\ 964}{7\ 129}$ 步。

解法:下有分母 9。将 1 化成 2 520,$\frac{1}{2}$ 化成 1 260,$\frac{1}{3}$ 化成 840,$\frac{1}{4}$ 化成 630,$\frac{1}{5}$ 化成 504,$\frac{1}{6}$ 化成 420,$\frac{1}{7}$ 化成 360,$\frac{1}{8}$ 化成 315,$\frac{1}{9}$ 化成 280。相加得 7 129,作为除数。将田的面积 240 步²,也按照 1 化成 2 520 相乘,作为被除数。被除数除以除数,得到田的长的步数。

现有田宽 1 $\frac{1}{2}$ 步、加 $\frac{1}{3}$ 步、$\frac{1}{4}$ 步、$\frac{1}{5}$ 步、$\frac{1}{6}$ 步、$\frac{1}{7}$ 步、$\frac{1}{8}$ 步、$\frac{1}{9}$ 步、$\frac{1}{10}$ 步。已知田的面积是 1 亩,问:田的长是多少?

答:81 $\frac{6\ 939}{7\ 381}$ 步。

解法:下有分母 10。将 1 化成 2 520,$\frac{1}{2}$ 化成 1 260,$\frac{1}{3}$ 化成 840,$\frac{1}{4}$ 化成 630,$\frac{1}{5}$ 化成 504,$\frac{1}{6}$ 化成 420,$\frac{1}{7}$ 化成 360,$\frac{1}{8}$ 化成 315,$\frac{1}{9}$ 化成 280,$\frac{1}{10}$ 化成 252。相加得 7 381,

作为除数。将田的面积 240 步², 也按照 1 化成 2 520 相乘, 作为被除数。被除数除以除数, 得到田的长的步数。

现有田宽 1$\frac{1}{2}$ 步、加 $\frac{1}{3}$ 步、$\frac{1}{4}$ 步、$\frac{1}{5}$ 步、$\frac{1}{6}$ 步、$\frac{1}{7}$ 步、$\frac{1}{8}$ 步、$\frac{1}{9}$ 步、$\frac{1}{10}$ 步、$\frac{1}{11}$ 步。已知田的面积是 1 亩, 问: 田的长是多少?

答: 79$\frac{39\ 631}{83\ 711}$步。

解法: 下有分母 11。将 1 化成 27 720, $\frac{1}{2}$ 化成 13 860, $\frac{1}{3}$ 化成 9 240, $\frac{1}{4}$ 化成 6 930, $\frac{1}{5}$ 化成 5 544, $\frac{1}{6}$ 化成 4 620, $\frac{1}{7}$ 化成 3 960, $\frac{1}{8}$ 化成 3 465, $\frac{1}{9}$ 化成 3 080, $\frac{1}{10}$ 化成 2 772, $\frac{1}{11}$ 化成 2 520。相加得 83 711, 作为除数。将田的面积 240 步², 也按照 1 化成 27 720 相乘, 作为被除数。被除数除以除数, 得到田的长的步数。

现有田宽 1$\frac{1}{2}$ 步、加 $\frac{1}{3}$ 步、$\frac{1}{4}$ 步、$\frac{1}{5}$ 步、$\frac{1}{6}$ 步、$\frac{1}{7}$ 步、$\frac{1}{8}$ 步、$\frac{1}{9}$ 步、$\frac{1}{10}$ 步、$\frac{1}{11}$ 步、$\frac{1}{12}$ 步。已知田的面积是 1 亩, 问: 田的长是多少?

答: 77$\frac{29\ 183}{86\ 021}$步。

解法：下有分母12。将1化成83 160，$\frac{1}{2}$化成

41 580，$\frac{1}{3}$化成27 720，$\frac{1}{4}$化成20 790，$\frac{1}{5}$化成16 632，$\frac{1}{6}$

化成13 860，$\frac{1}{7}$化成11 880，$\frac{1}{8}$化成10 395，$\frac{1}{9}$化成9 240，

$\frac{1}{10}$化成8 316，$\frac{1}{11}$化成7 560，$\frac{1}{12}$化成6 930。相加得

258 063，作为除数。将田的面积240步^2，也按照1化成

83 160相乘，作为被除数。被除数除以除数，得到田的长

的步数。（李淳风注：算术的本意是，简便最好。解法最

好为"下有分母12。将1化成27 720，$\frac{1}{2}$化成13 860，$\frac{1}{3}$

化成9 240，$\frac{1}{4}$化成6 930，$\frac{1}{5}$化成5 544，$\frac{1}{6}$化成4 620，$\frac{1}{7}$

化成3 960，$\frac{1}{8}$化成3 465，$\frac{1}{9}$化成3 080，$\frac{1}{10}$化成2 772，$\frac{1}{11}$

化成2 520，$\frac{1}{12}$化成2 310。相加得86 021，作为除数。将

田的面积240步^2，也按照1化成27 720相乘，作为被除数。

被除数除以除数，得到田的长的步数。"这种方法也可以解

答，而且不烦琐。）

今有积五万五千二百二十五步。问：为方几何？

答曰:二百三十五步。

又有积二万五千二百八十一步。问:为方几何?

答曰:一百五十九步。

又有积七万一千八百二十四步。问:为方几何?

答曰:二百六十八步。

又有积五十六万四千七百五十二步四分步之一。问:为方几何?

答曰:七百五十一步半。

又有积三十九亿七千二百一十五万六百二十五步。问:为方几何?

答曰:六万三千二十五步。

开方求方幂之一面也①。术曰:置积为实。借一算②,步之,超一等。言百之面十也,言万之面百也。议所得,以一乘所借一算为法,而以除。先得黄甲之面③,上下相命,是自乘而除也。除已,倍法为定法。倍之者,豫张两面朱幂定袤④,以待复除,故曰定法。其复除,折法而下。欲除朱幂者,本当副置所得成方,倍之为定法,以折、议、乘,而以除。如是当复步之而止,乃得相命。故使就上折下。复置借算,步之如初。以复议一乘之,欲除朱幂之角黄乙之幂,其意如初之所得也。所得副以加定法,以除。以所得副从定法。再以黄乙之面加定法者,是则张两青幂之袤。复除,折下如前。若开之不尽者,为不可开,当以面命之①。术或有以借算加定法而命分者,虽粗相近,不可用也。凡开积为方,方之自乘当还复有积分。令不加借算而命分,则常微少;其加借算而命分,则又微多。其数不可得而定。故惟以面命之,为不失耳。譬犹以三除十,以其余为三分之一,而复其数可以举。不以面命之,加定法如前,求其微数。微数无名者以为分子,其一退以十为母,其再退以百为母。退之弥下,其分弥细,则朱幂虽有所弃之数,不足言之也。**若实有分者,通分纳子为定实,乃开之。讫,开其母,报除。**臣淳风等谨按:分母可开者,并通之积先合二母。既开之后,一母尚存,故开分母,求一母为法,以报除也。**若母不可开者,又以母乘定实,乃开之。讫,令如母而一。**臣淳风等谨按:分母不可开者,本一母也。又以母乘之,乃合二母。既开之后,亦一母存焉,故令一母而一,得全面也。

注释

①面:边长。

②算:这里指算筹。算筹是多根同样长短和粗细的小棍子,多用竹子制成,放在布袋里随身携带,记数和计算时使用。

③黄甲、朱幂、黄乙、青幂,如图4-1。

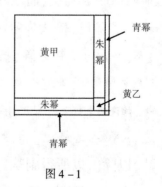

图4-1

④袤:长度。

译文

现有面积 55 225 步²。问:如果为正方形,边长是多少?

答:235 步。

现有面积 25 281 步²。问:如果为正方形,边长是多少?

答:159 步。

现有面积 71 824 步²。问:如果为正方形,边长是多少?

答:268 步。

现有面积 564 752$\frac{1}{4}$步²。问:如果为正方形,边长是多少?

答:751$\frac{1}{2}$步。

现有面积 3 972 150 625 步²。问:如果为正方形,边长是多少?

答:63 025 步。

开方(刘徽注:用来求正方形的边长。)法则:用面积作为被法。借一个算筹,令它向左移动,每步移动两位。(刘徽注:意思是,面积是百位数,边长就是十位数;面积是万位数,边长就是百位数。)讨论所得的数值,用这个数的一次方乘借筹作为法,作除法。(刘徽注:先得出黄甲的边长,用得出的数乘借筹,等于边长自乘再与法相减。)作完除法,使法加倍,作为定法。(刘徽注:使法加倍,是要确定二朱幂的长度,准备再次作除法,所以称为定法。)

作第二次除法,使法折损退一位。(刘徽注:想要减去朱幂面积,原本应该列出正方形边长,加倍作为定法,折损得到数值,再乘除。这样计算,应该重设借算,并尽可能向左移动才能计算,所以使借算自上而下退位。)重新像开始那样置借算,向左移动,令所得的数值的一次方乘借筹,(刘徽注:想要减去朱幂两个角的黄乙的面积,意义和上面相同。)第二位的数值加入定法,作除法。所得数值加入定法。(刘徽注:将黄乙的边长加入定法,是为了伸展二青幂是长边。)如果再次作除法,像前面那样退一位。如果开方不尽,称为不可开。以这个数为面积的正方形边长来命名。(刘徽注:也有以借算加定法命名分数的,虽然相近,但并不可取。凡是积分开方,得数自乘还应该恢复积分。如果不加借算命名分数,数值稍微小;加上借算,稍微大,都不能准确确定值。所以用边长表示,不会有失误。比如10除以3,余数$\frac{1}{3}$,可以恢复原本的数。如果不以边长命名,可以像前面一样加定法,求微数。微数中没有名数的,作为分子,退一位分母是10,退二位分母使100。退的位数越多,数值分得越小,这时朱幂中有微小的数被舍弃,也可以忽略。)如果实中有分数,就通分加入分子作为定实,然后开方。开方后再对分母开方,作报除。(李淳风注:如果分母可以开方,可当作两个分母相乘之积。开方后,还存有一个分母。所以对分母开方,取一个分母作为法,作报除。)如果分母不可开,就用分母乘定实,再开方。开方后,除以分母。(李淳风注:如果分母不可开,本来只有一个分母。再乘以分母,就存在两个分母。开方后,还存有一个分母。所以除以一个分母,得到边长。)

又按:此术"开方"者,求方幂之面也。"借一算"者,假借一算,空有列位之名,而无除积之实。方隅得面,是故借算列之于下。"步之,超一等"者,方十自乘,其积有百,方百自乘,其积有万,故超位至百而言十,至万而言百。"议所得,以一乘所借算为法,而以除"者,先得黄甲之面,以方为积者两相乘,故开方除之。还令两面上下相命,是自乘而除之。"除已,倍法为定法"者,实积未尽,当复更除,故豫张两面朱幂裹,以待复除,故曰定法。"其复除,折法而下"者,欲除朱幂,本当副置所得成方,倍之为定法,以折、议、乘、而以除。如是当复步之而止,乃得相命,故使就上折之而下。"复置借算,步之如初,以复议一乘之,所得副以加定法,以定法除"者,欲除朱幂之角黄乙之幂。"以所得副从定法"者,再以黄乙之面加定法,是则张两青幂之裹,故如前开之,即合所问。

译文

　　李淳风注:这就是开方法则,用来求正方形的边长。"借一个算筹",是假借,只有列位的作用,实际并没有参与除积。从正方形的面积得出边长,所以把借算放在积下面。"每步移动两位",正方形边长是十位数,自乘后面

125

积是百位数,边长是百位数,自乘后面积是万位数。所以移动两位,面积是百位数,边长就是十位数,面积是万位数,边长就是百位数。"讨论所得的数值,用这个数的一次方乘借筹作为法,作除法",先求得黄甲的边长,正方形面积是边长自乘,所以开方求边长。还令两边长相乘,自乘后减实。"作完除法,使法加倍,作为定法",因为作为实的面积没有除尽,应当再除。所以展开朱幂,准备第二次除法,所以称定法。"作第二次除法,使法折损退一位",想要减去朱幂,本应当列出已知道的正方形边长,加倍作为定法,折损得到数值,再乘除。如果这样应该重新置借算,尽可能向左移动,再相乘,所以借算变小而退位。"重新像开始那样置借算,向左移动,令所得数值的一次方乘借筹。第二位的数值加入定法,作除法",为了想要减去两朱幂形成的角上黄乙的面积。"第二位的数值加入定法",为了把黄乙的边长加上定法,也是为了伸展青幂的边长,所以按照之前的做法,就可以解答问题。

今有积一千五百一十八步四分步之三。问:为圆周几何?

答曰:一百三十五步。于徽术,当周一百三十八步一十分步之一。臣淳风等谨按:此依密率,为周一百三十八步五十分步之九。

又有积三百步。问:为圆周几何?

答曰:六十步。于徽术,当周六十一步五十分步之十九。臣淳风等谨依密率,为周六十一步一百分步之四十一。

开圆术曰:置积步数,以十二乘之,以开方除之,即得周。此术以周三径一为率,与旧圆田术相返覆也。于徽术,以三百一十四乘积,如二十五而一,所得,开方除之,即周也。(开方除之,即径。)是为据见幂以求周,犹失之于微少。其以二百乘积,一百五十七而一,开方除之,即径,犹失之于微多。臣淳风等谨按:此注于徽术求周之法,其中不用"开方除之,即径"六字,今本有者,衍剩也。依密率,八十八乘之,七而一。按周三径一之率,假令周六径二,半周半径相乘得幂三,周六自乘得三十六。俱以等数除,幂得一,周之数十二也。其积:本周自乘,合以一乘之,十二而一,得积三也。术为一乘不长,故以十二而一,得此积。今还原,置此积三,以十二乘之者,复其本周自乘之数。凡物自乘,开方除之,复其本数。故开方除之,即周。

译文

现有面积 1 518 $\frac{3}{4}$ 步^2。问:如果是圆,它的周长是多少?

答:135 步。(刘徽注:用徽率,周长应为 138 $\frac{1}{10}$ 步。

李淳风注:依照密率,周长应为 138 $\frac{9}{50}$ 步。)

又有面积 300 步^2。问:如果是圆,它的周长是多少?

答:60 步。(刘徽注:用徽率,周长应为 61 $\frac{19}{50}$ 步。李淳风注:依照密率,周长应为 61 $\frac{41}{100}$ 步。)

开圆法则:列出已知面积的积步数,乘以 12,得数开方,为圆周长。(刘徽注:本法则用周 3 径 1 率,与旧圆田法则互为逆运算。用徽率,面积乘以 314,除以 25,得数开方,即为圆周长。开方作除法,得到直径。所以根据面积求周长,有微小的损失。如果面积乘以 200,除以 157,开方除法,得到直径,又微多了一点。李淳风注:刘徽求周长的这个注,其中没有"开方作除法,得到直径"这几字。现在版本上的这几字是衍剩。依照密率,面积乘以 88,除以 7。周 3 径 1 率,假设周 6 径 2,半周和半径相乘得面积 3。周 6 自乘,得 36,都除以等数,面积得 1,周长的数 12。周 6 自乘,乘以 1,除以 12,得面积 3。本法则中,乘以 1 不使得数增加,所以除以 12,得到面积。现在还原,列出面积 3,乘以 12,得周长自乘数。凡是数自乘,作开方除法,又回到原本的数值,所以开方除法,即为周长。)

今有积一百八十六万八百六十七尺。此尺谓立方尺也。凡物有高、深而言积者,曰立方。问:为立方几何?

答曰:一百二十三尺。

又有积一千九百五十三尺八分尺之一。问:为立方几何?

答曰:一十二尺半。

又有积六万三千四百一尺五百一十二分尺之四百四十七。问:为立方几何?

答曰:三十九尺八分尺之七。

又有积一百九十三万七千五百四十一尺二十七分尺之一十七。问:为立方几何?

答曰:一百二十四尺太半尺。

开立方立方适等,求其一面也。术曰:置积为实。借一算,步之,超二等。言千之面十,言百万之面百。议所得,以再乘所借一算为法,而除之。再乘者,亦求为方幂。以上议命而除之,则立方等也。除已,三之为定法。为当复除,故豫张三面,以定方幂为定法也。复除,折而下。复除者,三面方幂以皆自乘之数,须得折、议,定其厚薄尔。开平幂者,方百之面十;开立幂者,方千之面十。据定法已有成方之幂,故复除当以千为百,折下一等也。以三乘所得数,置中行。设三廉之定长。复借一算,置下行。欲以为隅方。立方等未有定数,且置一算定其位。步之,中超一,下超二等。上方法,长自乘,而一折;中廉法,但有长,故降一等;下隅法,无面长,故又降一等也。复置议,以一乘中,为三廉备幂也。再乘下,令隅自乘,为方幂也。皆副以加定法。以定除。三面、三廉、一隅皆已有幂,以上议命之而除去三幂之厚也。除已,倍下,并中,从定法。凡再以中、三以下,加定法者,三廉各当以两面之幂连于两方之面,一隅连于三廉之端,以待复除也。言不尽意,解此要当以棋,乃得明耳。复除,折下如前。开之不尽者,亦为不可开。术亦有以定法命分者,不如故幂开方,以微数为分也。若积有分者,通分纳子为定实。定实乃开之。讫,开其母以报除。臣淳风等谨按:分母可开者,并通之积先合三母。既开之后一母尚存,故开分母,求一母,为法,以报除也。若母不可开者,又以母再乘定实,乃开之。讫,令如母而一。臣淳风等谨按:分母不可开者,本一母也。又以母再乘之,令合三母。既开之后,一母犹存,故令一母而一,得全面也。

译文

现有体积 1 860 867 尺³。(刘徽注:这里的尺是立方尺。凡是事物有高、深,它的体积量数就是立方。)问:如果是正方体,边长是多少?

答:123 尺。

又有体积 1 953 $\frac{1}{8}$ 尺³。问:如果是正方体,边长是多少?

答:12 $\frac{1}{2}$ 尺。

又有体积 63 401 $\frac{447}{512}$ 尺³。问:如果是正方体,边长是多少?

答:39 $\frac{7}{8}$ 尺。

又有体积 1 937 541 $\frac{17}{27}$ 尺³。问:如果是正方体,边长

是多少?

答:$124\frac{2}{3}$尺。

开立方(刘徽注:正方体边长正好相等,求其中一边长。)法则:已给体积作为实。借 1 个算筹,向左移动,每步移动三位。(刘徽注:体积是千位数,边长为十位数;体积为百万位数,边长为百位数。)讨论所得数值,它的二次方乘借算,作为法。实除以法。(刘徽注:二次方为正方形面积。上面的数值乘面积为实,因为正方体边长相等。)作完除法,法乘以 3 作为定法。(刘徽注:为了再次作除法,展开正方体的三面,以正方形除法。)再次作除法,法缩小退位。(刘徽注:再次作除法,正方体的面积和体积是自乘数,所以需要经过折损、讨论确定它们的厚度。开平方,面积是百位数,边长十位数;开立方,体积是千位数,边长十位数。根据定法得知正方形面积,作除法使 1 000 化为 100,退一位。)所得数值乘以 3,放中行。(刘徽注:设三廉的定长。)再借算,放在下行。(刘徽注:想要表示角上的正方体体积。大小不定,借算为了确定位置。)向左移动,中行一步移二位,下行一步移三位。(刘徽注:上行,边长自乘,退一位;中行,只有长,退一位;下行,没有面和长,退一位。)第二个讨论所得数值,用一次方乘中行,(刘徽注:为三廉的总体积。)用数值的二次方乘下行,(刘徽注:使角上边长自乘,是正方形面积。)加定法。定实除以定法。(刘徽注:三面、三廉、一角都已有面积,上面讨论的数值乘这些面积,减余实,是减去三个面积的厚。)除法后,下行加倍,加上中行,加入定法。(刘徽注:凡是以2倍中行、3倍下行加定法,三个廉都应当作为两个侧面面积连接在两个方的侧面,一个角连接三个廉的顶端。准备再次作除法。语言不能表达出全部意思,应该用棋,才能解释清楚。)再次作除法,像前面那样折损、退位。如果开方开不尽,也称为不可开。(刘徽注:有用定法命名分数,不如用体积开方,用微数作为分数。)如果已知体积包含分数,先通分,加入分子作为定实,开立方,然后对分母开立方,再作除法。(李淳风注:分母可以开立方,通分后的积等于三个分母相乘,开立方后还存有一个分母。所以对分母开立方,一个分母作为法,作除法。)如果分母不可开,用分母二次方乘定实,再开立方。然后用分母除。(李淳风注:分母不可开,本来存在一个分母。再用分母的二次方乘,就存在三个分母。开立方后,还存在一个分母,所以除以分母,得到整个边长。)

按:开立方知,立方适等,求其一面之数。"借一算,步之,超二等"者,但立方求积,方再自乘,就积开之,故超二等,言千之面十,言百万之面百。"议所得,以再乘所借算为法,而以除"知,求为方幂,以议命之而除,则立方等也。"除已,三之为定法",为积未尽,当复更除,故豫张三面已定方幂为定法。"复除,折而下"知,三面方幂皆已有自乘之数,须得折、议定其厚薄。据开平方,百之面十,其开立方,即千之面十,而定法已有成方之幂,故复除之者,当以千为百,折下一等。"以三乘所得数,置中行"者,设三廉之定长。"复借一算,置下行"者,欲以为隅方,立方等未有数,且置一算定其位也。"步之,中超一,下超二"者,上方法长自乘而一折,中廉法但有长,故降一等,下隅法无面长,故又降一等。"复置议,以一乘中"者,为三廉备幂。"再乘下",当令隅自乘为方幂。"皆副以加定法,以定法除"者,三面、三廉、一隅皆已有幂,以上议命之而除去三幂之厚。"除已,倍下、并中,从定法"者,三廉各当以两面之幂连于两方之面,一隅连于三廉之端,以待复除。其开之不尽者,折下如前,开方,即合所问。"有分者,通分纳子"开之,"讫,开其母以报除",可开者,并通之积,先合三母,既开之后,一母尚存。故开分母者,求一母为法,以报除。"若母不可开者,又以母再乘定实,乃之开。讫,令如母而一",分母不可开者,本一母,又以母再乘,令合三母,既开之后,亦一母尚存。故令如母而一,得全面也。

译文

李淳风注:"开立方"是一个正方体边长都相等,求边长。"借1个算筹,向左移动,每步移动三位"是因为,正方体的体积是边长自乘两次。这个积开立方,所以要移三位,所以体积是千位数,边长是十位数,体积是百万位数,边长是百位数。"讨论所得数值,它的二次方乘借算,作为法,实除以法"是因为,求出正方形的面积,用上面求得的数值乘,减实,得到正方体体积。"作完除法,法乘以

3作为定法",作为体积还没有除尽,需要再次作除法,所以展开三个面,将正方形面积作为定法。"再次作除法,法缩小退位"是因为,三个面的面积都是平方数,必须折损、讨论它们的厚度。根据开平方,面积是百位数,边长是十位数,如果开立方,体积是千位数,边长是十位数。定法已经是平方数,所以再次作除法,应该将千位改为百位,即退一位。"所得数值乘以3,放中行"是确定三廉的长度。"再借算,放在下行"是想要表示还未确定的、角上的正方体的体积,借算只是起定位作用。"向左移动,中行一步移二位,下行一步移三位"是因为,上行的正方形的法是边长自乘,所以退一位;中行廉的法只有边长,所以再退一位;下行的正方体没有边长,所以再退一位。"第二个讨论所得数值,用一次方乘中行"是三廉的总体积。"用数值的二次方乘下行",是使角上正方体的边长自乘,即正方体的体积。"使他们加定法,定实除以定法"是因为,三个侧面、三个廉、一个角都是平方数,上面讨论的数值乘平方数,减剩余的实,就是去掉了它们的厚度。"除法后,下行加倍、加上中行,加入定法"是因为,三个廉作为两个侧面面积连接在两个方的侧面,一个角连接三个廉的顶端,准备再次作除法。如果开方开不尽,像前面步骤那样折损、退位,开方,就可以解答问题。"如果已知体积包含分数,先通分,加入分子",再开方,"然后对分母开立方,再作除法",分母可以开立方,通分后的积等于三个分母相乘,开立方后还存有一个分母。所以对分母开立方,一个分母作为法,作除法。"如果分母不可开,用分母二次方乘定实,再开立方。然后用分母除",分母不可开,本来存在一个分母,用分母的二次方乘,就存在三个分母,开立方后,还存在一个分母。所以除以分母,得到边长。

今有积四千五百尺。_{亦谓立方之尺也。}问:为立圆径几何①?

答曰:二十尺。_{依密率,立圆径二十尺,计积四千一百九十尺二十一分尺之一十。}

又有积一万六千四百四十八亿六千六百四十三万七千五百尺。问:为立圆径几何?

答曰:一万四千三百尺。_{依密率,为径一万四千六百四十三尺四分尺之三。}

开立圆术曰:置积尺数,以十六乘之,九而一,所得,开立方除之,即立圆径。_{立圆,即九也。为术者,盖依周三径一之率。令圆幂居方幂四分之三。圆囷居立方亦四分之三②。更令圆囷为方率十二,为九率九,九居圆囷又四分之三也。置四分自乘得十六,三分自乘得九,故九居立方十六分之九也。故以十六乘积,九而一,得立方之积。九径与立方等,故开立方而除,得径也。然此意非也。何以验之?取立方棋八枚,皆令立方一寸,积之为立方二寸。规之为圆}

困,径二寸,高二寸。又复横因之,则其形有似牟合方盖矣[3]。八棋皆似阳马,圆然也。按:合盖者,方率也,丸居其中,即圆率也。推此言之,谓夫圆困为方率,岂不阙哉[4]?以周三径一为圆率,则圆幂伤少,令圆困为方率,则丸积伤多,互相通补,是以九与十六之率偶与实相近,而丸犹伤多耳。观立方之内,合盖之外,虽衰杀有渐,而多少不掩。判合总结,方圆相缠,浓纤诡互,不可等正。欲陋形措意,惧失正理。敢不阙疑,以俟能言者。

注释

① 立圆:球。

② 圆困qūn:圆柱体。困,古代一种圆形谷仓。

③ "规之为圆困"五句:如图4-2。

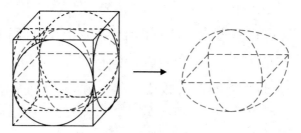

图4-2

④ 阙:过错。

译文

现有体积4 500尺³。(刘徽注:就是立方尺。)问:如果是球,直径是多少?

答:20 尺。(刘徽注:运用密率,立圆直径 20 尺。计算得体积 4 190 $\frac{10}{21}$ 尺³。)

又有体积 1 644 866 437 500 尺³。问:如果是球,直径是多少?

答:14 300 尺。(刘徽注:运用密率,立圆直径 14 643 $\frac{3}{4}$ 尺。)

开立圆法则:将球体积的尺数,乘以 16,除以 9,所得数值开立方,即为球的直径。(刘徽注:立圆,就是球。本法则皆依照周 3 径 1 率。令圆面积为其外切正方形面积的 $\frac{3}{4}$。圆柱体体积也为正方体体积的 $\frac{3}{4}$。令圆柱体的方率 12,圆率 9,所以球的体积为圆柱体的 $\frac{3}{4}$。4 自乘得 16,3 自乘得 9,所以球的体积是正方体体积的 $\frac{9}{16}$。所以用球的体积乘以 16,除以 9,得到正方体的体积。球的直径与正方体边长相等,所以开立方,得到球的直径。然而这种解法是错误的。如何验证呢?取正方体棋 8 枚,每枚棋的边长都是 1 寸。堆积起来成为边长 2 寸的正方体。沿水平方向做内切圆柱体,直径 2 寸,高 2 寸。再横着沿垂直方向做内切圆柱体,两个圆柱体重合的部分就像牟合方盖。8 个棋子都像阳马,不过棱都是圆的。合盖的率就是方率,球为内切球,是圆率。由此推论,圆柱体就是方率。这不是错误的吗?以周 3 径 1 作为圆率,圆面积稍微少了一点。如果以圆柱体为方率,球的体积就多了一点。互相补偿,以 9 比 16 为率与真值偶然相近,球的体积稍多了一点。观察正方体内部,合盖外部的部分,虽然渐渐地衰减下来,但具体是多少不清楚。总的来看,该正方体方圆混合,截面不规则,不是一个规整的形状。如果歪曲了形状错误理解,恐怕违背正确的道理。我还是把疑问留给能解惑的人来解答吧。)

黄金方寸,重十六两;金九径寸,重九两,率生于此,未曾验也。《周官·考工记》:"粟氏为量,改煎金锡则不耗。不耗然后权之,权之然后准之,准之然后量之。"言炼金使极精,而后分之则可以为率也。令九径自乘,三而一,开方除之,即丸中之立方也。假令丸中立方五尺,五尺为勾,勾自乘幂二十五尺。倍之得五十尺,以为弦幂,谓平面方五尺之弦也。以此弦为股,亦以五尺为勾,并勾股幂得七十五尺,是为大弦幂。开方除之,则大弦可知也。大弦则中立方之长斜,斜即九径寸也。故中立方自乘之幂于九径自乘之幂三分之一也。令大弦还乘其幂,即九外立方之积也。大弦幂开之不尽,令其幂七十五再自乘之,为面,命得外立方积,四十二万一千八百七十五尺之面。又令中立方五尺自乘,又以方乘之,得积一百二十五尺。一百二十五尺自乘,为面,命得积,一万五千六百二十五尺之面。皆以六百二十五约之,外立方积,六百七十五尺之面,中立方积,二十五尺之面也。张衡算又谓立方为质,立圆为浑。衡言质之与中外之浑:六百七十五尺之面,开方除之,不足一,谓外浑积二十六也。内浑二十五之面,谓积五尺也。今徽令质言中浑,浑又言质,则二质相与之率犹衡二浑相与之率也。衡盖亦先二质之率推以言浑之率也。衡又言质，六十四之面，浑二十五之面。质复言浑，谓居质八分之五也。又云：方八之面，圆五之面。圆浑相推，知其复以圆围为方率，浑为圆率也，失之远矣。衡说之自然，欲协其阴阳奇耦之说而不顾疏密矣。虽有文辞，斯乱道破义，病也。置外质积二十六，以九乘之，十六而一，得积十四尺八分尺之五，即质中之浑也。以分母乘全纳子，得一百一十七。又置内质积五，以分母乘之，得四十，是为质居浑一百一十七分之四十，而浑率犹为伤多也。假令方二尺，方四面，并得八尺也，谓之方周。其中令圆径与方等，亦二尺也。圆半径以乘圆周之半，即圆幂也。半方以乘方周之半，即方幂也。然则方周知，方幂之率也；圆周知，圆幂之率也。按：如衡术，方周率八之面，圆周率五之面也。今方周六十四尺之面，圆周四十尺之面也。又令径二尺自乘，得径四尺之面，是为圆周率十之面，而径率一之面也。衡亦以周三径一之率为非，是故更著此法，然增周太多，过其实矣。

译文

　　1方寸的黄金，重16两；直径1寸的金球，重9两。法则中的率由此而来，但是未被检验过。《周礼·考工记》中说："栗氏制作量器时，炼金锡并且没有损耗。没有损耗就可以称量，然后将它作为标准，进而度量其他物品。"这里面说，炼金并使它的精度极高，然后分割它们为正方体和球体，就可以确定率是多少。使球的直径自乘，除以3，再开方，即为球内接正方体的边长。假设球内接正方体的边长为5尺，5尺作为勾，勾自乘得到25 $尺^2$。

翻倍得到 50 尺^2,作为弦的平方,就是平面上 5 尺对应的对角线。以这个弦作为股,还是以 5 尺作为勾,勾、股的平方相加是 75 尺^2,是大弦的平方。对它开方,就可以知道大弦的数值。大弦是正方体的对角线,即球的直径。所以,正方体边长自乘之幂是球直径自乘之幂的 $\frac{1}{3}$。令大弦的平方乘以大弦,就是球的外切正方体的体积。大弦的平方开方开不尽,使它的幂即面积 75 尺^2 自乘,得到外切正方体的体积,即 421 875 尺^6 之面。再使正方体边长 5 尺自乘,再乘以 5 尺,得到 125 尺^3。令它自乘,得到其平方数,即 15 625 尺^6 之面。都用 625 约简,外切正方体体积的二次幂是 675 尺^6 之面,内接正方体体积的二次幂为 25 尺^6 之面。张衡计算时将正方体称为质,球称为浑。张衡讨论了质与内切浑、外接浑的关系:外接浑的体积为 675 尺^6 之面,将其开方,不足 1,外接浑的体积是 26 尺^3。内切浑的体积的二次幂为 25 尺^6 之面,它的体积是 5 尺^3。现在我讨论质的内切浑,浑的内接质,那么两质的最简之比相当于两浑的最简之比。张衡应该是先推算出两质的最简之比,再推算出两浑的最简之比。张衡又举例说质的体积率为 64 之面,浑的体积率为 25 之面。内切浑的体积是质的体积的 $\frac{5}{8}$。另外,正方形的率是面积为 8 之面,圆的面积率为 5 之面。圆与浑互相推算,又得知他以圆柱作为方率,浑作为圆率,与真值相差太远。张衡想要协调阴阳奇偶的学说而没有顾及数据的疏密。虽然引用论据,但与真理相违背,是错误的。假设质的体积为 26 尺³,乘以 9,除以 16,得 $14\frac{5}{8}$ 尺³,为质的内切浑的体积。分母乘整数部分加入分子,得 117。又假设内接质的体积 5 尺³,乘以分母,得 40,所以内接质的体积是浑的体积的 $\frac{40}{117}$,则浑的率稍微多了些。假设正方形边长 2 尺,有 4 条边,相加得 8 尺,称为正方形的周长。其中假设圆的直径与正方形边长相等,也是 2 尺。圆半径乘圆周的一半,即为圆面积。正方形半个边长乘周长的一半,即为正方形面积。所以,从正方形周长可以推算出正方形面积的率;从圆的周长可以推算出圆的面积的率。按照张衡的计算方法,方形的比率为 8,圆周长的率为 5 之面。令正方形周长为 64 之面,圆周长为 40 尺之面。令直径 2 尺自乘,得到直径 4 尺之面,圆周率为 10 之面,圆直径率的乘积为 1 的正方形。张衡也认为周 3 径 1 率不对,所以著了这种算法。但是周长增加太多,超过了真值。

臣淳风等谨按:祖暅之谓刘徽[①]、张衡二人皆以圆围为方率,丸为圆率,乃设新法。祖暅之开立圆术曰:"以二乘积,开立方除之,即立圆径。其意何也? 取立方棋一枚,令立枢于左后之下隅,从规去其右上之廉;又合而横规之,去其前上之廉。于是立方之棋分而为四。规内棋一,谓之内棋。规外棋三,谓之外棋。规更合四棋,复横断之。以勾股言之,令余高为勾,内棋断上方为股,本方之数,其弦也。勾股之法:以勾幂减弦幂,则余为股幂。若令余高自乘,减本方之幂,余即内棋断上方之幂也。本方之幂即此四棋之断上幂。然则余高自乘,即外三棋之断上幂矣。不问高卑,势皆然也。然固有所归同而途殊者尔,而乃控远以演类,借况以析微。按:阳马方高数参等者,倒而立之,横截去上,则高自乘与断上幂数亦等焉。夫叠棋成立积,缘幂势既同,则积不容异。由此观之,规之外三棋旁蹙为一,即一阳马也。三分立方,则阳马居一,内棋居二可知矣。合八小方成一大方,合八内棋成一合盖。内棋居小方三分之二,则合盖居立方亦三分之二,较然验矣。置三分之二,以圆幂率三乘之,如方幂率四而一,约而定之,以为九率。故曰九居立方二分之一也。"等数既密,心亦昭晰②。张衡放旧,贻哂于后③;刘徽循故,未暇校新。夫岂难哉? 抑未之思也。依密率,此立圆积,本以圆径再自乘,十一乘之,二十一而一,得此积。今欲求其本积,故以二十一乘之,十一而一。凡物再自乘,开立方除之,复其本数。故立方除之,即九径也。

注释

①祖暅gèng 之:祖暅,我国南北朝时期南朝数学家、祖冲之之子。"祖暅原理"是关于球体体积的计算方法,这是祖暅一生最有代表性的发现。

②晰:明白,清楚。

③哂:讥笑。

译文

李淳风注:祖暅说刘徽、张衡二人都以圆柱体为方率,球为圆率,于是他创立新的方法。祖暅的开立圆法则:"以 2 乘体积,再开立方,即为球的直径。这是什么原理呢? 取正方形棋一枚,以左下棱为轴,棱长为半径作圆柱面,截去它的右上廉,再合在一起,横向沿圆柱面截去它的上廉。就这样正方棋被截成了 4 个棋。内侧 1 个棋,称为内棋;外侧 3 个棋,称为外棋。再把这 4 个棋合起来,沿横向截断。按照勾股定理,令截面的高为勾,内棋截面正方形边长为股,正方体的棱长作为弦。勾股定理:弦的面积减去勾的面积,那么余数为股的面积。如果令余高自乘,减去正方形的面积,余数是内棋的横截面面积。正方形的面积是这 4 个棋的横截面之和。剩余的高自乘,就是 3 个外棋的横截面面积。无论横截面位置的高低,规律都是如此。所以说是殊途同归,我们可以利用近似的道理演算同类问题,借用情况作细微分析。例如:一个长、宽、高都相等的阳马,将其倒立,截去上半部,所以它的高自乘,即为 3 个外棋横截面积之和。堆积这 3 个棋为立方体,由于横截面面积相同,所以体积也不能不同。由此可见,3 个外棋可以凝聚成 1,就是 1 个阳马。将立方体分成 3 等份,阳马占 1 份,就可以知道内棋占 2 份。将 8 个小正方体合成 1 个大正方体,8 个内棋合成 1 个合盖。内棋占小正方体的 $\frac{2}{3}$,合盖也占大正方体的 $\frac{2}{3}$,很容易被验证。设 $\frac{2}{3}$ 乘以圆面积率 3,除以方面积率 4,

约简,就可以确定球率。所以说球占外切正方形的$\frac{1}{2}$。"

计算所得数值已经很精密,思路也清晰了。张衡墨守旧的方法,被后人讥笑;刘徽遵循过去的思路,没有创新。这是因为太难吗?或者是没有经过深思熟虑。依照密率,求球的体积应该是直径自乘两次,乘以11,除以21,得到答案。现在想要求它的体积,所以乘以21,除以11。凡是数两次自乘,再开立方,就可以恢复到原本的数值。因此开立方,即得球的直径。

卷第五　商功

商功^①_{以御功程积实}

今有穿地^②，积一万尺。问：为坚、壤各几何？

答曰：为坚七千五百尺；为壤一万二千五百尺。

术曰：穿地四为壤五，_{壤谓息土}^③。为坚三，_{坚谓筑土}。为墟四。_{墟谓穿坑。此皆其常率。}以穿地求壤，五之；求坚，三之；皆四而一。_{今有术也。}以壤求穿，四之；求坚，三之；皆五而一。以坚求穿，四之；求壤，五之；皆三而一。_{臣淳风等谨按：此术并今有之义也。重张穿地积一万尺，为所有数，坚率三、壤率五各为所求率，穿率四为所有率，而今有之，即得。}

注释

①商功：测量体积、计算工程用工的方法。

②穿：穿孔，打洞。引申为开凿，挖掘。

③息土：古代传说的一种能自生长、永不减耗的土壤。后泛指沃土。

译文

商功（刘徽注：用来处理土方工程的体积问题。）

现有挖出的土，体积 10 000 尺³。问：如果折算成坚土、壤土,各是多少?

答:折算成坚土 7 500 尺³;折算成壤土 12 500 尺³。

折算法则:挖土为 4,折算成壤土为 5,(壤土就是沃土。)折算成坚土为 3,(坚土就是建筑用土,夯土。)折算成墟为 4。(墟就是挖土留下的坑穴。这些是它们的常率。)以挖土折算壤土,乘以 5;折算坚土,乘以 3;都除以 4。(这是运用今有法则。)以壤土折算挖土,乘以 4;折算坚土,乘以 3;都除以 5。以坚土折算挖土,乘以 4;折算壤土,乘以 5;都除以 3。(李淳风注:本法则运用今有法则。挖土体积 10 000 尺³,作为所有数,坚土率 3、壤土率 5 各作为所求率,挖土率 4 作为所有率,运用今有法则,即可解答。)

城、垣①、堤、沟、堑②、渠皆同术。

术曰:并上下广而半之,损广补狭。以高若深乘之,又以袤乘之,即积尺③。按:此术"并上下广而半之"者,以盈补虚,得中平之广。"以高若深乘之",得一头之立幂。"又以袤乘之"者,得立实之积,故为积尺。

注释

①垣:围墙。

②堑:坑。

③"以高若深乘之"三句：上下宽度相加再取半，乘以高度或者深度，再乘以长度，即为体积尺数，如图5－1。假设梯形上底宽 a，下底宽 b，高 h，长 l。所以梯形体积 $V = \dfrac{1}{2}(a + b)hl$。

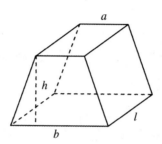

图 5－1

译文

城、墙、堤、沟、堑、渠都使用同一法则。

法则：上下宽度相加再取半，（刘徽注：折损宽的增补狭窄的。）乘以高度或者深度，再乘以长度，即为体积尺数。（刘徽注：本法则"上下宽度相加再取半"是为了以盈补虚，得到宽度的平均值。"乘以高度或者深度"，得到横截面的面积。"再乘以长度"，得到立方体的体积，所以称为体积的尺数。）

今有城,下广四丈,上广二丈,高五丈,袤一百二十六丈五尺。问:积几何?

答曰:一百八十九万七千五百尺。

今有垣,下广三尺,上广二尺,高一丈二尺,袤二十二丈五尺八寸。问:积几何?

答曰:六千七百七十四尺。

今有堤,下广二丈,上广八尺,高四尺,袤一十二丈七尺。问:积几何?

答曰:七千一百一十二尺。

冬程人功四百四十四尺[①],问:用徒几何?

答曰:一十六人一百一十一分人之二。

术曰:以积尺为实,程功尺数为法。实如法而一,即用徒人数。

注释

①功:劳绩,成绩。

译文

现有城,下底宽 4 丈,上顶宽 2 丈,高 5 丈,长 126 丈 5 尺。问:体积是多少?

答:1 897 500 尺^3。

现有墙,下底宽 3 尺,上顶宽 2 尺,高 1 丈 2 尺,长 22

丈5尺8寸。问:体积是多少?

答:6 774 尺³。

现有堤,下底宽2丈,上顶宽8尺,高4尺,长12丈7尺。问:体积是多少?

答:7 112 尺³。

冬季每人的日工作量为444尺³,问:用工多少人?

答:$16\frac{2}{111}$人。

解法:体积的尺数作为被除数,每人的工作量尺数作为除数。被除数除以除数,即为工作人数。

今有沟,上广一丈五尺,下广一丈,深五尺,袤七丈。问:积几何?

答曰:四千三百七十五尺。

春程人功七百六十六尺,并出土功五分之一,定功六百一十二尺五分尺之四。问:用徒几何?

答曰:七人三千六十四分人之四百二十七。

术曰:置本人功,去其五分之一,余为法。"去其五分之一"者,谓以四乘五除也。以沟积尺为实。实如法而一,得用徒人数。按:此术置本人功,"去其五分之一"者,谓以四乘之,五而一,除去出土之功,取其定功。乃通分纳子以为法。以分母乘沟积尺为实者,法里有分,实里通之,故实如法而一,即用徒人数。此以一人之积尺除其众尺,故用徒人数不尽者,等数约之而命分也。

译文

现有沟,上底宽 1 丈 5 尺,下底宽 1 丈,深 5 尺,长 7 丈。问:容积是多少?

答:4 375 尺³。

春季每人的日工作量 766 尺³,其中出土的工作量占 $\frac{1}{5}$,所以实际的工作量是 $612\frac{4}{5}$ 尺³。问:用工多少人?

答:$7\frac{427}{3\,064}$ 人。

解法:列出每人的总工作量,减去其中的 $\frac{1}{5}$,余数作为除数。(刘徽注:"减去其中的 $\frac{1}{5}$",就是乘以 4 除以 5。)以沟的容积作为被除数。被除数除以除数,得到工作人数。(刘徽注:本方法中"列出每人的总工作量,减去其中的 $\frac{1}{5}$",指的是乘以 4,除以 5,就是减去出土的工作量,取实际的工作量。于是通分加入分子作为除数。分母乘沟的容积尺数作为被除数,除数里包含分数,被除数通分,所以被除数除以除数,得到工作人数。这里用 1 人工作的容积尺数除众人工作的容积尺数,所以如果除不尽,就用等数约简后用分数表示。)

今有堑,上广一丈六尺三寸,下广一丈,深六尺三寸,袤一十三丈二尺一寸。问:积几何?

答曰:一万九百四十三尺八寸[①]。八寸者,谓穿地方尺,深八寸。此积余有方尺中二分四厘五毫,弃之。贵欲从易,非其常定也。

夏程人功八百七十一尺,并出土功五分之一,沙砾水石之功作太半,定功二百三十二尺一十五分尺之四。问:用徒几何?

答曰:四十七人三千四百八十四分人之四百九。

术曰:置本人功,去其出土功五分之一,又去沙砾水石之功太半,余为法。以堑积尺为实。实如法而一,即用徒人数。按:此术"置本人功,去其出土功五分之一"者,谓以四乘五除。"又去沙砾水石作太半"者,一乘三除,存其少半,取其定功。乃通分纳子以为法。以分母乘积尺为实者,为法里有分,实里通之,故实如法而一,即用徒人数。不尽者,等数约之而命分也。

注释

①八寸:容积 $V = Sh = 1$ 尺$^2 \times 8$ 寸 $= 10$ 寸 $\times 10$ 寸 $\times 8$ 寸 $= 800$ 寸^3。

译文

现有堑,上底宽1丈6尺3寸,下底宽1丈,深6尺3

寸,长 13 丈 2 尺 1 寸。问:容积是多少?

答:10 943 尺³800 寸³。(刘徽注:8 寸,是挖土 1 尺²,深 8 寸的坑。容积有余数为 1 尺²,深 2 分 4 厘 5 毫,舍弃。解答问题贵在简便,不能墨守成规。)

夏季每人的日工作量 871 尺³,其中出土的工作量占 $\frac{1}{5}$,处理沙砾水石的工作量占 $\frac{2}{3}$,所以实际的工作量是 $232\frac{4}{15}$尺³。问:用工多少人?

答:$47\frac{409}{3\,484}$人。

解法:列出每人的总工作量,减去出土的工作量 $\frac{1}{5}$,再减去处理沙砾水石的工作量 $\frac{2}{3}$,余数作为除数。以堑的容积作为被除数,被除数除以除数,得到工作人数。(刘徽注:本方法中"列出每人的总工作量,减去出土的工作量 $\frac{1}{5}$",指的是乘以 4 除以 5。"再减去处理沙砾水石的工作量 $\frac{2}{3}$",指的是乘以 1 除以 3,保留 $\frac{1}{3}$,取实际的工作量。于是通分加入分子作为除数。分母乘堑的容积尺数作为被除数,除数里包含分数,被除数通分,所以被除数除以除数,得到工作人数。如果除不尽,就用等数约简后用分数表示。)

今有穿渠，上广一丈八尺，下广三尺六寸，深一丈八尺，袤五万一千八百二十四尺。问：积几何？

答曰：一千七万四千五百八十五尺六寸。

秋程人功三百尺。问：用徒几何？

答曰：三万三千五百八十二人，功内少一十四尺四寸。

一千人先到，问：当受袤几何？

答曰：一百五十四丈三尺二寸八十一分寸之八。

术曰：以一人功尺数乘先到人数为实。<small>以一千人一日功为实。</small>并渠上下广而半之，以深乘之为法。<small>以渠广深之立实为法。</small>实如法得袤尺。

译文

现有挖渠，上底宽 1 丈 8 尺，下底宽 3 尺 6 寸，深 1 丈 8 尺，长 51 824 尺。问：容积是多少？

答：10 074 585 尺^{3}600 寸^3。

秋季每人的日工作量 300 尺^3。问：用工多少人？

答：33 582 人，内不足 14 尺^{3}400 寸^3。

1 000 人先到，问：可以先挖多长的渠？

答：154 丈 3 尺 $2\frac{8}{81}$寸。

解法:以1人的工作量尺数乘先到的人数作为被除数。(刘徽注:以1 000人1天的工作量作为被除数。)将渠的上下宽度相加之和取半,乘以深度,所得数值作为除数。(刘徽注:以渠的宽度与深度的乘积作为除数。)被除数除以除数得到长度尺数。

今有方埻壔^①,埻者,埻城也;壔,音丁老切,又音蠹,谓以土拥木也。方一丈六尺,高一丈五尺。问:积几何?

答曰:三千八百四十尺。

术曰:方自乘,以高乘之,即积尺。

今有圆埻壔,周四丈八尺,高一丈一尺。问:积几何?

答曰:二千一百一十二尺。于徽术,当积二千一十七尺一百五十七分尺之一百三十一。臣淳风等谨按:依密率,积二千一十六尺。

术曰:周自相乘,以高乘之,十二而一。此章诸术亦以周三径一为率,皆非也。于徽术,当以周自乘,以高乘之,又以二十五乘之,三百一十四而一。此之圆幂亦如圆田之幂也。求幂亦如圆田,而以高乘幂也。臣淳风等按:依密率,以七乘之,八十八而一。

注释

①埻bǎo:土堆。壔dǎo:土堡。

译文

现有方形土城堡,(刘徽注:埻,就是土城;壔,音丁老切,又音纂,就是土簇拥着木桩。)底面为正方形,边长1丈6尺,高1丈5尺。问:体积是多少?

答:3 840尺³。

解法:底边长自乘,乘以高,即为体积尺数。

现有圆形土城堡,底面周长4丈8尺,高1丈1尺。问:体积是多少?

答:2 112 尺³。(刘徽注:运用徽率,体积应当为2 017$\frac{131}{157}$尺³。李淳风注:依照密率,体积为2 016尺³。)

解法:底面周长自乘,乘以高,除以12。(刘徽注:本章法则皆以周3径1为率,全是错误的。按照徽率,底面周长自乘,乘以高,再乘以25,除以314。这里底面圆面积如同圆田面积。求底面面积如求圆田面积。再用面积乘以高。李淳风注:依照密率,乘以7,除以88。)

今有方亭①,下方五丈,上方四丈,高五丈。问:积几何?

答曰:一十万一千六百六十六尺太半尺。

术曰:上下方相乘,又各自乘,并之,以高乘之,三而一②。此章有堑堵③、阳马④,皆合而成立方。盖说算者乃立棋三品,以效高深之积。假令方亭,上方一尺,下方三尺,高一尺。其用棋也,中央立方一,四面堑堵四,四角阳马四。上下方相乘为三尺,以高乘

155

之,约积三尺,是为得中央立方一,四面堑堵各一。下方自乘为九,以高乘之,得积九尺,是为中央立方一,四面堑堵各二,四角阳马各三也。上方自乘,以高乘之,得积一尺,又为中央立方一。凡三品棋皆一而为三。故三而一,得积尺。用棋之数:立方三,堑堵、阳马各十二,凡二十七,棋十三。更差次之,而成方亭者三,验矣。为术又可令方差自乘,以高乘之,三而一,即四阳马也。上下方相乘,以高乘之,即中央立方及四面堑堵也。并之,以为方亭积数也。

注释

①方亭:方台。

②"上下方相乘"五句:假设方台上底边长为 a,下底边长为 b,高为 h,则方台的体积 $V = \dfrac{1}{3}(ab + a^2 + b^2)h$。

③堑堵:两底面为直角三角形的正柱体,亦即长方体的斜截平分体。如图 5 – 2。

④阳马:四角锥体。底面为正方形。如图 5 – 2。

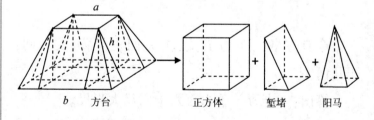

图 5 – 2

译文

现有方台,下底边长 5 丈,上底边长 4 丈,高 5 丈。

问:体积是多少?

答:$101\,666\frac{2}{3}$尺^3。

法则:上下底边边长相乘,又各自乘,相加,乘以高,除以3。(刘徽注:本章有堑堵、阳马等立体,都可以合成立方体。所以算者设计了三种棋,用来推算它们的体积。假设方台上底边长1尺,下底边长3尺,高1尺。它用的棋,中央立方体1个,四面堑堵4个,四角阳马4个。上下底边边长相乘,为3尺^2,乘以高,体积为3尺^3,所以是中央立方体1个,四面堑堵各1个。下底边长自乘为9尺^2,乘以高,体积为9尺^3,所以是中央立方体1个,四面堑堵各2个,四角阳马各3个。上底边长自乘,乘以高,体积为1尺^3,所以是中央立方体1个。凡是三种棋都是方台棋数的3倍。所以除以3,得到体积尺数。使用棋数:正方体3个,堑堵、阳马各12个,共27个,合成棋13个。如果改变次序,可以合成方台3个。体积公式得到验证。本法则也可以令上下底边长之差自乘,乘以高,除以3,即为4个阳马的体积。上下底边长相乘,乘以高,即为中央立方和四面堑堵的体积。将它们相加,得到方台的体积。)

今有圆亭,下周三丈,上周二丈,高一丈。问:积几何?

答曰:五百二十七尺九分尺之七。于徽术,当积五百四尺四百七十一分尺之一百一十六也。臣淳风等谨按:按密率,为积五百三尺三十三分尺之二十六。

术曰:上、下周相乘,又各自乘,并之,以高乘之,三十六而一①。此术周三径一之义,合以三除上下周,各为上下径,以相乘;又各自乘,并,以高乘之,三而一,为方亭之积。假令三约上下周,俱不尽,还通之,即各为上下径。令上下径相乘,又各自乘,并,以高乘之,为三方亭之积分。此合分母三相乘得九,为法,除之。又三而一,得方亭之积。从方亭求圆亭之积,亦犹方幂中求圆幂。乃令圆率三乘之,方率四而一,得圆亭之积。前求方亭之积,乃以三而一;今求圆亭之积,亦合三乘之。二母既同,故相准折,惟以方幂四乘分母九,得三十六,而连除之。

注释

①"上下周相乘"五句:如图5-3,假设圆台上底周长 C_1,下底周长 C_2,高 h。则圆台体积 $V = \frac{1}{36}(C_1 C_2 + C_1^2 + C_2^2)h$。

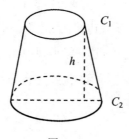

图5-3

译文

现有圆台,下底周长3丈,上底周长2丈,高1丈。

问:体积是多少?

答:527$\frac{7}{9}$尺³。(刘徽注:用徽率,体积应当为

504$\frac{116}{471}$尺³。李淳风注:按照密率,体积为503$\frac{26}{33}$尺³。)

法则:上下底周长相乘,再各自乘,相加,乘以高,除以36。(刘徽注:本法则按照周3径1率,应该上下底周长各除以3,为上下底的直径。令它们相乘,再各自乘,相加,乘以高,除以3,即为方台的体积。假设令上下底周长除以3,除不尽,就应同分,上下底的直径分别作为分子。上下底直径相乘,再各自乘,相加,乘以高,即为3个方台体积的积分。这里应该用分母3相乘得9,作为除数,作除法。再除以3,得到方台的体积。从方台求圆台的体积,如同从正方形求内切圆的面积。乘以圆率3,除以方率4,得到圆台的体积。前面求方台的体积,除以3;现在求圆台的体积,应该乘以3。乘除为同一数,所以相互抵消,只用正方形面积4乘分母9,得36,作为除数。)

于徽术,当上下周相乘,又各自乘,并,以高乘之,又二十五乘之,九百四十二而一。此圆亭四角圆杀,比于方亭,二百分之一百五十七。为术之意,先作方亭,三而一。则此据上下径为之者,当又以一百五十七乘之,六百而一也。今据周为之,若于圆堢壔,又以二十五乘之,三百一十四而一,则先得三圆亭矣。故以三百一十四为九百四十二而一,并除

之。臣淳风等谨按:依密率,以七乘之,二百六十四而一。

译文

刘徽注:用徽率,应当上下周长相乘,再各自乘,相加,乘以高,乘以25,除以942。这里圆台四角为圆,是方台体积的 $\frac{157}{200}$。本法则的本意,先求方台体积,除以3。方台根据上下底的直径做出,应当再乘以157,除以600。现在根据周长做出,应参照圆形土城堡的算法,乘以25,除以314,则得到3个圆台的体积。所以用314代替942去除,就是用3与314一并除。李淳风注:依照密率,乘以7,除以264。

今有方锥,下方二丈七尺,高二丈九尺。问:积几何?

答曰:七千四十七尺。

术曰:下方自乘,以高乘之,三而一[1]。按:此术假令方锥下方二尺,高一尺,即四阳马。如术为之,用十二阳马成三方锥,故三而一,得方锥也。

注释

[1]"下方自乘"三句:如图5-4,假设方锥下底边长 a,高 h,则方锥体积 $V = \frac{1}{3}a^2h$。

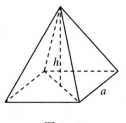

图 5 - 4

译文

现有方锥,下底为正方形,边长 2 丈 7 尺,高 2 丈 9 尺。问:体积是多少?

答:7 047 尺³。

法则:下底边长自乘,乘以高,除以 3。(刘徽注:本法则假设方锥下底边长 2 尺,高 1 尺,即为 4 个阳马。如前面法则,用 12 个阳马可以合成 3 个方锥,所以除以 3,得 1 个方锥的体积。)

今有圆锥,下周三丈五尺,高五丈一尺。问:积几何?

答曰:一千七百三十五尺一十二分尺之五。于徽术,当积一千六百五十八尺三百一十四分尺之十三。臣淳风等谨按:依密率,为积一千六百五十六尺八十八分尺之四十七。

术曰:下周自乘,以高乘之,三十六而一①。按:此术圆锥下周以为方锥下方。方锥下方令自乘,以高乘之,令三而一,得大方锥之积。大锥方之积合十二圆矣。今求一圆,复合十二除之,故令三乘十二,得三十六,而连除。

注释

①"下周自乘"三句:如图 5 - 5,假设圆锥下底周长 C,

高 h,则圆锥体积 $V = \frac{1}{36}C^2 h$。

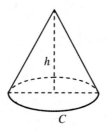

图 5 - 5

译文

现有圆锥,下底周长 3 丈 5 尺,高 5 丈 1 尺。问:体积是多少?

答:1 735 $\frac{5}{12}$ 尺³。(刘徽注:用徽率,体积应当为

1 658 $\frac{13}{314}$ 尺³。李淳风注:依照密率,体积为 1 656 $\frac{47}{88}$ 尺³。)

法则:下底周长自乘,乘以高,除以 36。(刘徽注:本法则圆锥下底周长作为方锥下底边长。方锥下底边长自乘,除以 3,得大方锥的体积。大方锥的底面积等于 12 个

圆面积。现在求 1 个圆面积，应当除以 12，所以令 3 乘 12，得 36，作为除数。)

于徽术，当下周自乘，以高乘之，又以二十五乘之，九百四十二而一。圆锥比于方锥，亦二百分之一百五十七。命径自乘者，亦当以一百五十七乘之，六百而一。其说如圆亭也。臣淳风等谨按：依密率，以七乘之，二百六十四而一。

译文

刘徽注：用徽率，应当下底周长自乘，乘以高，再乘以 25，除以 942。圆锥是方锥体积的 $\frac{157}{200}$。如果直径自乘，也应当乘以 157，除以 600。道理如同求圆台。李淳风按：依照密率，乘以 7，除以 264。

今有堑堵，下广二丈，袤一十八丈六尺，高二丈五尺。问：积几何？

答曰：四万六千五百尺。

术曰：广袤相乘，以高乘之，二而一[1]。斜解立方得两堑堵。虽复椭方[2]，亦为堑堵，故二而一。此则合所规棋。推其物体，盖为堑上叠也。其形如城，而无上广，与所规棋形异而同实。未闻所以名之为堑堵之说也。

注释

①"广袤相乘"三句:如图 5-6,假设堑堵宽 a,长 b,高 h,则堑堵的体积 $V=\dfrac{1}{2}abh$。

②椭方:长方体。

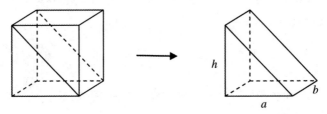

图 5-6

译文

现有堑堵,下底宽 2 丈,长 18 丈 6 尺,高 2 丈 5 尺。问:体积是多少?

答:46 500 尺³。

法则:宽和长相乘,乘以高,除以 2。(刘徽注:斜着剖开正方体得到 2 个堑堵。即使是长方体,剖开也是 2 个堑堵,所以除以 2 。这符合所规定的棋。推测它的形状,应该是在堑上叠放。形状像城墙,但是没有上面的宽度,与所规定的棋形状不同而体积相同。没有听说过堑堵名称的由来。)

今有阳马，广五尺，袤七尺，高八尺。问：积几何？

答曰：九十三尺少半尺。

术曰：广袤相乘，以高乘之，三而一。按：此术阳马之形，方锥一隅也。今谓四柱屋隅为阳马。假令广袤各一尺，高一尺，相乘之，得立方积一尺。斜解立方得两堑堵；斜解堑堵，其一为阳马，一为鳖臑①。阳马居二，鳖臑居一，不易之率也。合两鳖臑成一阳马，合三阳马而成一立方，故三而一。验之以棋，其形露矣。悉割阳马，凡为六鳖臑。观其割分，则体势互通，盖易了也。

注释

①鳖臑nào：鳖的前肢。臑，人的上肢或牲畜的前肢。

译文

现有阳马，宽5尺，长7尺，高8尺。问：体积是多少？

答：$93\frac{1}{3}$尺³。

法则：宽和长相乘，乘以高，除以3。(刘徽注：本法则阳马的形状，是方锥的一角。现在所谓四柱屋的一角也是阳马。假设宽、长各1尺，高1尺，相乘，得到正方体的体积1尺³。斜着剖开正方体得到2个堑堵；斜着剖开堑堵，其中一个是阳马，另一个是鳖臑。阳马占2份，鳖臑占1份，这个比例不变。2个鳖臑可以合成1个阳马，3

个阳马可以合成1个正方体,所以除以3。如果用棋来验证,就很明显了。将阳马全部剖开,共得6个鳖臑。观察分割得到的各个部分,它们的形状互通,体积也容易推算。)

其棋或修短①,或广狭,立方不等者,亦割分以为六鳖臑。其形不悉相似。然见数同,积实均也。鳖臑殊形,阳马异体。然阳马异体,则不纯合,不纯合,则难为之矣。何则?按:斜解方棋以为堑堵者,必当以半为分,斜解堑堵以为阳马者,亦必当以半为分,一纵一横耳。设为阳马为分内,鳖臑为分外。棋虽或随修短广狭,犹有此分常率知,殊形异体,亦同也者,以此而已。其使鳖臑广、袤、高各二尺,用堑堵、鳖臑之棋各二,皆用赤棋。又使阳马之广、袤、高各二尺,用立方之棋一,堑堵、阳马之棋各二,皆用黑棋。棋之赤、黑,接为堑堵,广、袤、高各二尺。于是中效其广、袤,又中分其高。令赤、黑堑堵各自适当一方,高一尺,方一尺,每二分鳖臑,则一阳马也。其余两端各积本体,合成一方焉。是为别种而方者率居三,通其体而方者率居一。虽方随棋改,而固有常然之势也。按:余数具而可知者有一、二分之别,则一、二之为率定矣。其于理也岂虚矣?若为数而穷之,置余广、袤、高之数各半之,则四分之三又可知也。半之弥少,其余弥细,至细曰微,微则无形。由是言之,安取余哉?数而求穷之者,谓以情推,不用筹算。鳖臑之物,不同器用;阳马之形,或随修短广狭。然不有鳖臑,无以审阳马之数,不有阳马,无以知锥亭之类,功实之主也。

注释

①修短:长短。修,高,长。

译文

　　这些棋是有的长、有的短,有的宽、有的窄,宽、长、高不等的立方体,也分割成 6 个鳖臑。它们的形状不完全相同。然而它们的宽、长和高相同,所以体积也相等。鳖臑形状不同,阳马的结构有变化。阳马的结构有了变化,就不能完全重合。不完全重合,就难以处理。为什么呢? 斜着剖开方棋,分为堑堵,必定是每份一半;斜着剖开堑堵,分为阳马,必定是每份一半,一纵一横。假设阳马作为内棋,堑堵作为外棋。棋虽然有长有短、有宽有狭,但是有这个不变的率,所以即便形状不同,结构有变,道理也是一样的。使鳖臑宽、长、高各为 2 尺,由堑堵、鳖臑各 2 个合成,都用红棋。使阳马的宽、长、高各为 2 尺,由立方体棋 1 个,堑堵、阳马各 2 个合成,都用黑棋。红棋、黑棋拼接成堑堵,宽、长、高各 2 尺。中分堑堵的宽、长、高,令红、黑堑堵各自合成 1 个立方体,高 1 尺,边长 1 尺,每 2 份鳖臑相当于 1 份阳马。其余的两端各自拼接相同的形状,合成 1 个立方体。所以,别种形状的立方体的率占 3 份,与堑堵形状相似的立方体的率占 1 份。即使正方形改变了,其余扔保持恒定的率。刘徽注:余下的体积可知的有 1、2 之别,所以 1、2 作为鳖臑和阳马的率已经确定。道理上讲这是虚假的吗? 如果以数来研究,列出余下的宽、长、高的数值,取半,其中 $\frac{3}{4}$ 的体积可以知道。中分的部分越少,其余的地方越细,称为微数。微数的形态不固定。这样看来,为什么要取分数? 数学里求无穷,按数理推算,不用算筹。鳖臑与常见的器具不同;阳马的形状,有长有短、有宽有狭。然而,没有鳖臑,就无法推算阳马的体积,没有阳马,就无法推算锥、台的情况,这是程功积实问题的基础。

今有鳖臑,下广五尺,无袤;上袤四尺,无广;高七尺。问:积几何?

答曰:二十三尺少半尺。

术曰:广袤相乘,以高乘之,六而一。按:此术臑者,臂骨也。或曰半阳马,其形有似鳖肘,故以名云。中破阳马得两鳖臑①。之见数即阳马之半数。数同而实据半,故云六而一,即得。

注释

①中破阳马得两鳖臑:从中间剖开阳马得到 2 个鳖臑,如图 5 – 7。假设鳖臑的长为 a,宽为 b,高为 c,则鳖臑的体积为 $V = \dfrac{1}{6}abc$。

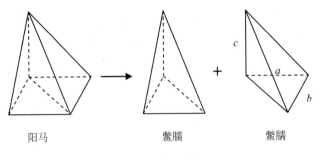

阳马　　　　　　　鳖臑　　　　　　鳖臑

图 5 - 7

译文

现有鳖臑,下底宽 5 尺,没有长;上底长 4 尺,没有宽;高 7 尺。问:体积是多少?

答:$23\frac{1}{3}$ 尺³。

法则:下底宽与上底长相乘,乘以高,除以 6。(刘徽注:本法则中,臑指的是臂骨。有人说半个阳马的形状类似鳖的肘,所以得名。从中间剖开阳马得到两个鳖臑。所以鳖臑的体积是阳马体积的一半。宽、长、高和阳马相同但是体积是阳马的一半,所以除以 6,即可求得。)

今有羡除,下广六尺,上广一丈,深三尺;末广八尺,无深;袤七尺。问:积几何?

答曰:八十四尺。

术曰：并三广，以深乘之，又以袤乘之，六而一。

按：此术羡除，实隧道也。其所穿地，上平下斜，似两鳖臑夹一堑堵，即羡除之形[①]。假令用此棋：上广三尺，深一尺，下广一尺；末广一尺，无深；袤一尺。下广、末广皆堑堵；上广者，两鳖臑与一堑堵相连之广也。以深、袤乘，得积五尺。鳖臑居二，堑堵居三，其于本棋，皆一为六，故六而一。合四阳马以为方锥。斜画方锥之底，亦令为中方。就中方削而上合，全为中方锥之半[②]。于是阳马之棋悉中解矣。中锥离而为四鳖臑焉。故外锥之半亦为四鳖臑。虽背正异形，与常所谓鳖臑参不相似，实则同也。所云夹堑堵者，中锥之鳖臑也。凡堑堵上袤短者，连阳马也。下袤短者，与鳖臑连也。上、下两袤相等知，亦与鳖臑连也。并三广，以高、袤乘，六而一，皆其积也。今此羡除之广，即堑堵之袤也。

注释

① 似两鳖臑夹一堑堵，即羡除之形：好像 2 个鳖臑夹着 1 个堑堵，这就是羡除的形状。如图 5 - 8，假设羡除的上底宽为 a，下底宽为 b，末宽为 c，深度为 h，长为 l。则羡除的体积为 $V = \frac{1}{6}(a + b + c)hl$。

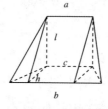

图 5 - 8

② 半 pàn：大片。

译文

现有隧道,下底宽 6 尺,上底宽 1 丈,深 3 尺;末宽 8 尺,没有深度;长 7 尺。问:体积是多少?

答:84 尺³。

法则:三个宽度相加,乘以深度,再乘以长,除以 6。(刘徽注:本法则中,羡除实际上指的是隧道。它挖土的形状,上面平下面斜,好像 2 个鳖臑夹着 1 个堑堵,这就是羡除的形状。假设棋:上底宽 3 尺,深 1 尺,下底宽 1 尺;末宽 1 尺,没有深度;长 1 尺。下底宽度、末宽都是堑堵的宽。上底宽度,是 2 个鳖臑与 1 个堑堵相连的宽度。三个宽度之和乘以深度和长度,得到体积 5 尺³。这其中鳖臑占 2 份,堑堵占 3 份,相比原本的棋,棋数全部由 1 个变成了 6 个,所以除以 6。4 个阳马合成 1 个方锥。斜着画方锥的底,中间也是一个正方体。沿着正方体向上剖开,为中方锥的一部分。于是阳马全部从中间分解了。中锥分离后为 4 个鳖臑。所以外锥的一部分为 4 个鳖臑。虽然它们的形状不同往常,就是长宽、长、高都不相同,但体积相同。上面提到的夹着堑堵的鳖臑,就是中锥包含的鳖臑。凡是堑堵的上底长短的情况,就连接阳马。下底短的情况,就连接鳖臑。上下底的长相等的情况,也是连接鳖臑。三个宽度相加,乘以高和长,除以 6,都可以得到体积。现在说的羡除的宽,就是堑堵的长。)

按:此本是三广不等,即与鳖臑连者。别而言之:中央堑堵广六尺,高三尺,袤七尺。末广之两旁,各一小鳖臑,皆与堑堵等。令小鳖臑居里,大鳖臑居表,则大鳖臑皆出椭方锥:下广二尺,袤六尺,高七尺。分取其半,则为袤三尺也。以高、广乘之,三而一,即半锥之积也。斜解半锥得此两大鳖臑。求其积,亦当六而一,合于常率矣。按:阳马之棋两斜,棋底方。当其方也,不问旁、角而割之,相半可知也。推此上连无成不方,故方锥与阳马同实。角而割之者,相半之势。此大小鳖臑可知更相表里,但体有背正也。

译文

刘徽注:本题目中三个宽度不相等,即堑堵连接鳖臑的情况。换句话说:中间的堑堵宽6尺,高3尺,长7尺。末宽的两端,各连接1个小鳖臑,长和高都与堑堵相等。令小鳖臑占据内侧,大鳖臑占据外侧,则由长方锥分离出,长方锥下底宽2尺,长6尺,高7尺。取它的一半,则为长3尺。乘以高和宽,除以3,即为半个方锥的体积。斜着分解半个方锥得到两个大鳖臑。求它们的体积,也应当除以6,这是符合常率的。阳马的棋有1个斜面,底面是正方形。不论沿着旁侧,还是对角线分割它,都是等分。推测出向上连接每层都是正方形,所以方锥和阳马的体积相等。沿着对角线分割,属于平分。这里大小鳖臑可以互换内外位置,但是形状有反正的区别。

今有刍甍,下广三丈,袤四丈;上袤二丈,无广;高一丈。问:积几何?

答曰:五千尺。

术曰:倍下袤,上袤从之,以广乘之,又以高乘之,六而一。推明义理者:旧说云,凡积刍有上下广曰童,甍谓其屋盖之茨也[1]。是故甍之下广、袤与童之上广、袤等。正斩方亭两边,合之即刍甍之形也[2]。假令下广二尺,袤三尺;上袤一尺,无广;高一尺。其用棋也,中央堑堵二,两端阳马各二。倍下袤,上袤从之,为七尺,以广乘之,得幂十四尺。阳马之幂各居二,堑堵之幂各居三。以高乘之,得积十四尺。其于本棋也,皆一而为六。故六而一,即得。

注释

①茨cí:用芦苇、茅草盖屋。又为茅草等盖的屋顶。

②正斩方亭两边,合之即刍甍之形也:从正面切割方台的两边,合成就是刍甍的形状。假设刍甍的下底长为 b,上底长为 a,宽度为 c,高为 h,则刍甍的体积为 $V = \dfrac{1}{6}(2b + a)ch$。

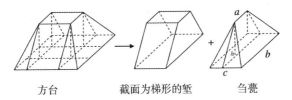

方台　　　　截面为梯形的堑　　刍甍

图 5－9

译文

现有刍甍,下底宽 3 丈,长 4 长;上底长 2 丈,没有宽;高 1 丈。问:体积是多少?

答:5 000 尺³。

法则:下底长度加倍,加上底长度,乘以宽度,再乘以高,除以 6 。(刘徽注:推导它的含义和理论:以前的说法是,凡是有上下底宽度的稻草堆成为童,甍就是屋脊。所以甍的下底宽、长与童的上底宽、长相等。从正面切割方台的两边,合成就是刍甍的形状。假设刍甍下底宽 2 尺,长 3 尺;上底长 1 尺,没有宽;高 1 尺。它的棋:中间 2 个堑堵,两端 2 个阳马。下底长度加倍,加上底长度,得 7 尺,乘以宽度,得面积 14 尺²。其中阳马的面积各占据 2 份,堑堵的面积各占据 3 份。乘以高,得到体积 14 尺³。相对于原本的棋,棋数全部由 1 个变成了 6 个。所以除以 6,即可求得。)

亦可令上下袤差乘广,以高乘之,三而一,即四阳马也;下广乘上袤而半之,高乘之,即二堑堵;并之,以为甍积也。

译文

也可以使上下底长的差乘宽,乘以高,除以 3,即为 4

个阳马的体积;下底宽乘上底长,取半,乘以高,即为2个堑堵的体积;相加,得到刍甍的体积。

刍童、曲池、盘池、冥谷皆同术^①。

术曰:倍上袤,下袤从之;亦倍下袤,上袤从之;各以其广乘之;并,以高若深乘之,皆六而一。按:此术假令刍童上广一尺,袤二尺;下广三尺,袤四尺;高一尺。其用棋也,中央立方二,四面堑堵六,四角阳马四。倍下袤为八,上袤从之,为十。以高、广乘之,得积三十尺。是为得中央立方各三,两端堑堵各四,两旁堑堵各六,四角阳马亦各六。后倍上袤,下袤从之,为八。以高、广乘之,得积八尺。是为得中央立方亦各三,两端堑堵各二。并两旁,三品棋皆一而为六,故六而一,即得。

注释

①刍童、曲池、盘池、冥谷皆同术:刍童、曲池、盘池、冥谷都用同一法则。如图 5 - 10(a)为刍童。假设刍童上底的宽和长分别为 a_1、b_1,下底的宽和长分别为 a_2、b_2,高为 h,则刍童的体积为 $V = \dfrac{1}{6}(2a_1 + a_2)b_1 + (2a_2 + a_1)b_2$。如图 5 - 10(b)为曲池。假设曲池上中周长 C_1,上外周长 C_2,下中周长 $C_1{}'$,下外周长 $C_2{}'$,则曲池的体积为 $V = \dfrac{1}{6}\left\{\left[(C_1 + C_2) + \dfrac{1}{2}\right.\right.$

$$(C_1' + C_2')] b_1 + [(C_1' + C_2') + \frac{1}{2}(C_1 + C_2)]$$

$$b_2\} h \, 。$$

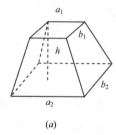

(a)

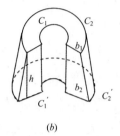

(b)

图 5 – 10

译文

乌童、曲池、盘池、冥谷都用同一法则。

法则:上底长加倍,加下底长;也使下底长加倍,加上底长;各自乘以它们的宽;相加,乘以高度或深度,都除以6。(刘徽注:本法则假设乌童上底宽1尺,长2尺;下底宽3尺,长4尺;高1尺。它的棋:中间两个正方体,四面6个堑堵,四角4个阳马。下底长为8,加上底长,为10。乘以高和宽,得30尺³。其中中间正方体各占3份,两端堑堵各占4份,两旁堑堵各占6份,四角阳马也各占6份。再使上底长加倍,加下底长,为8,乘高和宽,得体积8尺³。其中中间正方体各占3份,两端堑堵各占2份。两个长方体相加,三种棋棋数全部由1变为6。所以除以6,即可求得。)

为术又可令上下广袤差相乘，以高乘之，三而一，亦四阳马；上下广袤互相乘，并而半之，以高乘之，即四面六堑堵与二立方；并之，为刍童积。又可令上下广袤互相乘而半之，上下广袤又各自乘，并，以高乘之，三而一，即得也。

译文

　　本法则也可以使上下底的宽的差和上下底的长的差相乘，再乘以高，除以3，也是4个阳马的体积；上下底的宽和上下底的长相乘，相加之和取半，乘以高，即为四面的6个堑堵和2个正方体的体积之和；相加，就是刍童的体积。也可以使上底的宽乘下底的长，下底的宽乘上底的长，分别取半，上底宽乘上底长，下底宽乘下底长，相加，乘以高，除以3，即可求得。

　　其曲池者，并上中、外周而半之，以为上袤；亦并下中、外周而半之，以为下袤。此池环而不通匝，形如盘蛇而曲之。亦云周者，谓如委谷依垣之周耳。引而伸之，周为袤。求袤之意，环田也。

译文

　　如果是曲池，使上中、外周长相加取半，作为上底长；

也使下中、外周长相加取半,作为下底长。(刘徽注:本池是环形但是不足一周,形状如同盘起的蛇那样弯曲。周是指依靠墙壁堆放粮食的那种周长。将它拉伸,周就变成长。求长道理用环田法则。)

今有刍童,下广二丈,袤三丈;上广三丈,袤四丈;高三丈。问:积几何?

答曰:二万六千五百尺。

今有曲池,上中周二丈,外周四丈,广一丈;下中周一丈四尺,外周二丈四尺,广五尺;深一丈。问:积几何?

答曰:一千八百八十三尺三寸少半寸。

今有盘池[①],上广六丈,袤八丈,下广四丈,袤六丈;深二丈。问:积几何?

答曰:七万六百六十六尺太半尺。

负土往来七十步;其二十步上下棚除[②],棚除二当平道五;踟蹰之间十加一;载输之间三十步,定一返一百四十步。土笼积一尺六寸[③];秋程人功行五十九里半。问:人到积尺及用徒各几何?

答曰:人到二百四尺。用徒三百四十六人一百五十三分人之六十二。

术曰：以一笼积尺乘程行步数，为实。往来上下棚、除二当平道五。棚，阁；除，斜道；有上下之难，故使二当五也。置定往来步数，十加一，及载输之间三十步以为法。除之，所得即一人所到尺。按：此术棚，阁；除，斜道；有上下之难，故使二当五。置定往来步数，十加一，及载输之间三十步，是为往来一返凡用一百四十步。于今有术为所有行率，笼积一尺六寸为所求到土率，程行五十九里半为所有数，而今有之，即人到尺数。"以所到约积尺，即用徒人数"者，此一人之积除其众积尺，故得用徒人数。为术又可令往来一返所用之步约程行为返数，乘笼积为一人所到。以此术与今有术相返覆，则乘除之或先后，意各有所在而同归耳。以所到约积尺，即用徒人数。

卷第五　商功

注释

　　①盘池：盘状的水池。计算方法同刍童。

　　②除：台阶。

　　③笼：竹制的圆形器物，种类很多，有盛土的，盛物的，蓄养鸟兽的，等等。这里指土筐。

译文

　　现有刍童，下底宽 2 丈，长 3 丈；上底宽 3 丈，长 4 丈；高 3 丈。问：体积是多少？

　　答：26 500 尺³。

　　现有曲池，上中周长 2 丈，外周长 4 丈，宽 1 丈；下中周 1 丈 4 尺, 外周 2 丈 4 尺, 宽 5 尺; 深 1 丈。问: 体积是多少?

答: 1 883 尺³3 $\frac{1}{3}$ 寸³。

现有盘池, 上底宽 6 丈, 长 8 丈; 下底宽 4 丈, 长 6 丈; 深 2 丈。问: 体积是多少?

答: 70 666 $\frac{2}{3}$ 尺³。

背土往返需要 70 步; 其中 20 步是上下楼阁和阶梯, 在楼阁和阶梯 2 步相当于平道 5 步, 徘徊的时间 10 步加 1 步, 装卸时间 30 步, 往返一次 140 步。土筐容积 1 尺³600 寸³; 秋季每人每天工作量 59 $\frac{1}{2}$ 里。问: 每人每天运输的土的体积和工作人数是多少?

答: 每人运输土的体积 204 尺³, 工作人数 346 $\frac{62}{153}$ 人。

法则: 用 1 筐土的容积乘每人每天的步数, 作为被除数。上下楼阁行 2 步折合平道 5 步。(刘徽注: 棚, 就是阁的意思; 除, 指台阶; 上下困难, 所以行 2 步折合平道 5 步。) 列出往返步数, 满 10 加 1, 再加上装卸时间 30 步作为除数。作除法, 所得值为每人每天运输的土的体积。(刘徽注: 本题中棚, 就是阁的意思; 除, 指的是台阶; 上下困难, 所以行 2 步折合平道 5 步。列出往返步数, 满 10 加 1, 再加上装卸时间 30 步, 所以往返一次用 140 步。运用

今有法则,140 步为所有行率,筐的容积1 尺³600 寸³作为

所求到土率,每人每天行 $59\frac{1}{2}$ 里作为所有数,根据今有

法则,即可求得每人每天运输土的体积。"用盘池的容积

除以每人每天运输土的体积,即可得到工作人数",是因

为用众人的做工体积除以 1 人的做工体积,所以得到工

作人数。本题也可以用每人每天的步数除以往返一次的

步数,乘土筐的容积得到每人每天运输的土的体积。用

本解法和今有法则相比,乘除的顺序有先后不同,虽然意

思不同但结果一致。)用盘池的容积除以每人每天运输土

的体积,即可得到工作人数。

　　今有冥谷①,上广二丈,袤七丈;下广八尺,袤四

丈;深六丈五尺。问:积几何?

　　答曰:五万二千尺。

　　载土往来二百步,载输之间一里,程行五十八里;

六人共车,车载三十四尺七寸。问:人到积尺及用徒

各几何?

　　答曰:人到二百一尺五十分尺之十三。用徒二百

五十八人一万六十三分人之三千七百四十六。

　　术曰:以一车积尺乘程行步数,为实。置今往来

步数,加载输之间一里,以车六人乘之,为法。除之,所得即一人所到尺。按:此术今有之义。以载输及往来并得五百步,为所有行率;车载三十四尺七寸为所求率;程行五十八里,通之为步,为所有数,而今有之,所得则一车所到。欲得人到者,当以六人除之,即得。术有分,故亦更令乘法而并除者,亦用以车尺数以为一人到土率,六人乘五百步为行率也。又亦可五百步为行率,令六人约车积尺数为一人到土率,以载土术入之。入之者,亦可求返数也。要取其会通而已。术恐有分,故令乘法而并除。"以所到约积尺,即用徒人数"者,以一人所到积尺除其众积,故得用徒人数也。**以所到约积尺,即用徒人数。**

注释

①冥谷:墓穴,形为长方台。计算方法同刍童。

译文

现有冥谷,上底宽 2 丈,长 7 丈;下底宽 8 尺,长 4 丈;深 6 丈 5 尺。问:体积是多少?

答:52 000 尺³。

运输土石每次 200 步,装卸折合步行 1 里,每日每人行 58 里;6 人用 1 辆车,每车载 34 尺³700 寸³。问:每人每天运输土的体积和工作人数各是多少?

答:每人每天运输土 $201\frac{13}{50}$ 尺³。工作人数

$258\dfrac{3\,746}{10\,063}$人。

解法:用车的容积乘每人每天的步数,作为被除数。列出往返步数,加装卸折合的 1 里,乘以每车的 6 人,所得作为除数。作除法,得到每人每天运输土的体积。(刘徽注:本题运用今有法则。将装卸和往返步数相加得 500 步,作为所有行率;每车装载 34 尺³700 寸³作为所求到土率;每日每人行 58 里,折算成步数作为所有数。运用今有法则,可得到每车每天运输土的体积。想求每人每天运输土的体积,就应当用所得数值除以 6。题中会出现分数,所以使除数乘以分母再一并作除法,用车的容积作为每人到土率,6 人乘 500 步作为行率。也可以使 500 步作为行率,车的容积除以 6 人所得数值作为每人的到土率,使用运输土法则。运输土法则也可以求出往返次数。要做到融会贯通。本题可能出现分数,所以使除数乘以分母再一并作除法。"用冥谷的容积除以每人每天运输土的体积,即可得到工作人数"是因为用众人的做工体积除以 1 人的做工体积,所以得到工作人数。)用冥谷的容积除以每人每天运输土的体积,即可得到工作人数。

今有委粟平地①,下周一十二丈,高二丈。问:积及为粟几何?

答曰:积八千尺。于徽术,当积七千六百四十三尺一百五十七尺之四十九。臣淳风等谨依密率,为积七千六百三十六尺十一分尺之四。

为粟二千九百六十二斛二十七分斛之二十六。于徽术,当粟二千八百三十斛一千四百一十三分斛之一千二百一十。臣淳风等谨依密率,为粟二千八百二十八斛九十九分斛之二十八。

今有委菽依垣,下周三丈,高七尺。问:积及为菽各几何?

答曰:积三百五十尺。依徽术,当积三百三十四尺四百七十一分尺之一百八十六也。臣淳风等谨依密率,为积三百三十四尺十一分尺之一。

为菽一百四十四斛二百四十三分斛之八。依徽术,当菽一百三十七斛一万二千七百一十七分斛之七千七百七十一。臣淳风等谨依密率,为菽一百三十七斛八百九十一分斛之四百三十三。

今有委米依垣内角,下周八尺,高五尺。问:积及为米各几何?

答曰:积三十五尺九分尺之五。于徽术,当积三十三尺四百七十一分尺之四百五十七。臣淳风等谨依密率,当积三十三尺三十三分尺之三十一。

为米二十一斛七百二十九分斛之六百九十一。于徽术,当米二十斛三万八千一百五十一分斛之三万六千九百八十。臣淳风等谨依密率,为米二十斛二千六百七十三分斛之二千五百四十。

委粟术曰:下周自乘,以高乘之,三十六而一。_此

犹圆锥也。于徽术，亦当下周自乘，以高乘之，又以二十五乘之，九百四十二而一也。**其依垣者，**居圆锥之半也。**十八而一。**于徽术，当令此下周自乘，以高乘之，又以二十五乘之，四百七十一而一。依垣之周，半于全周。其自乘之幂居全周自乘之幂四分之一，故半全周之法以为法也。**其依垣内角者，**角，隅也，居圆锥四分之一也。**九而一。**于徽术，当令此下周自乘而倍之，以高乘之，又以二十五乘之，四百七十一而一。依隅之周半于依垣。其自乘之幂居依垣自乘之幂四分之一，当半依垣之法以为法。法不可半，故倍其实。又此术亦用周三径一之率。假令以三除周，得径。若不尽，通分纳子，即为径之积分。令自乘，以高乘之，为三方锥之积分。母自相乘，得九，为法，又当三而一，约方锥之积。从方锥中求圆锥之积，亦犹方幂求圆幂。乃当三乘之，四而一，得圆锥之积。前求方锥积，乃合三而一；今求圆锥之积，复合三乘之。二母既同，故相准折。惟以四乘分母九，得三十六而连除，圆锥之积。其圆锥之积与平地聚粟同，故三十六而一也。臣淳风等谨依密率，以七乘之，其平地者，二百六十四而一；依垣者，一百三十二而一；依隅者，六十六而一也。

注释

①委：堆积。

译文

　　现在平地堆积粟米，下底周长 12 丈，高 2 丈。问：体积和粟米量各是多少？

答:体积 8 000 尺³。(刘徽注:用徽率,体积应当是

$7\ 643\frac{49}{157}$尺³。李淳风注:依照密率,体积应当是 $7\ 636\frac{4}{11}$尺³。)

粟米有 $2\ 962\frac{26}{27}$斛。(刘徽注:用徽率,粟米应当是

$2\ 830\frac{1\ 210}{1\ 413}$斛。李淳风注:依照密率,粟米应当是 $2\ 828\frac{28}{99}$斛。)

现挨墙堆积大豆,下底周长 3 丈,高 7 尺。问:体积和大豆量各是多少?

答:体积 350 尺³。(刘徽注:用徽率,体积应当是

$334\frac{186}{471}$尺³。李淳风注:依照密率,体积应当是 $334\frac{1}{11}$尺³。)

大豆有 $144\frac{8}{243}$斛。(刘徽注:用徽率,大豆应当是

$137\frac{7\ 771}{12\ 717}$斛。李淳风注:依照密率,粟米应当是 $137\frac{433}{891}$斛。)

现挨墙角堆积米,下底周长 8 尺,高 5 尺。问:体积和米量各是多少?

答:体积 $35\frac{5}{9}$尺³。(刘徽注:用徽率,体积应当是

$33\frac{457}{471}$尺³。李淳风注:依照密率,体积应当是 $33\frac{31}{33}$尺³。)

米有$21\frac{691}{729}$斛。(刘徽注:用徽率,米应当是$20\frac{36\ 980}{38\ 151}$斛。

李淳风注:依照密率,米应当是$20\frac{2\ 540}{2\ 673}$斛。)

　　堆积粮食法则：下底周长自乘，乘以高，除以 36 。（刘徽注：如同圆锥法则。用徽率，也应当先使下底周长自乘，乘以高，再乘以 25 ，除以 942 。）挨着墙堆积，（刘徽注：占圆锥体积的一半。）除以 18 。（刘徽注：用徽率，应当使下底周长自乘，乘以高，再乘以 25 ，除以 471 。挨墙堆积的情况，周长是全周长的一半。自乘的幂也是全周长自乘幂的 $\frac{1}{4}$ ，所以取全周长的除数的一半作为除数。）

　　挨着墙角堆积，（刘徽注：角，就是隅，占圆锥体积的 $\frac{1}{4}$ 。）除以 9 。（刘徽注：用徽率，应当使下周长自乘加倍，乘以高，再乘以 25 ，除以 471 。挨墙角的情况，周长是半周长的一半。自乘的幂也是挨墙自乘幂的 $\frac{1}{4}$ ，所以应当取半周长的除数的一半作为除数。除数不可以取半，所以将被除数增为 2 倍 。本法则也使用周 3 径 1 率。假设用周长除以 3 ，得直径。如果除不尽，就通分加入分子，即为直径的积分。直径自乘，乘以高，即为外切方锥体积 3 倍的积分。分母自乘，得 9 ，作为除数，又除以 3 ，得 1 个方锥的体积。从方锥的体积求圆锥的体积，如同从正方形面积求内切圆的面积。应当乘以 3 ，除以 4 ，得圆锥的体积。前面求方锥的体积，用 3 除以 1 ；现在求圆锥的体积，应乘以 3 。两者分母相同，所以相抵消。所以分母 9 乘以 4 ，得 36 连在一起除，得到圆锥的体积。圆锥的体积与在平地上堆积粮食的体积求法相同,所以除以36。李淳风注:依照密率,乘以7,平地堆积,除以264;挨墙堆积,除以132;挨墙角堆积,除以66。)

程粟一斛积二尺七寸;二尺七寸者,谓方一尺,深二尺七寸,凡积二千七百寸。其米一斛积一尺六寸五分寸之一;谓积一千六百二十寸。其菽、苔、麻、麦一斛皆二尺四寸十分寸之三。谓积二千四百三十寸。此为以粗精为率,而不等其概也。粟率五,米率三,故米一斛于粟一斛,五分之三;菽、苔、麻、麦亦如本率云。故谓此三量器为概,而皆不合于今斛。当今大司农斛圆径一尺三寸五分五厘,正深一尺。于徽术,为积一千四百四十一寸,排成余分,又有十分之三。王莽铜斛于今尺为深九寸五分五厘,径一尺三寸六分八厘七毫。以徽术计之,于今斛为容九斗七升四合有奇①。《周官·考工记》:“粟氏为量,深一尺,内方一尺,而圆外,其实一鬴②。”于徽术,此圆积一千五百七十寸。《左氏传》曰:“齐旧四量:豆、区、釜、钟。四升曰豆,各自其四,以登于釜。釜十则钟。”钟六斛四斗。釜六斗四升,方一尺深一尺,其积一千寸。若此方积容六斗四升,则通外圆积成旁,容十斗四合一龠五分龠之三也③。以数相乘之,则斛之制:方一尺而圆其外,庞旁一厘七毫④,幂一百五十六寸四分寸之一,深一尺,积一千五百六十二寸半,容十斗。王莽铜斛与《汉书·律历志》所论斛同。

注释

①合gě:量词。10合为1升,10升为1斗。

②鬴fǔ：同"釜"，古代量器。

③龠yuè：容量单位，等于半合。

④脁tiāo：凹下或不满的地方。

译文

　　一斛粟米的容积是 2 尺³700 寸³；(刘徽注：2 尺³700 寸³ 就是指正方形面积 1 尺²，深 2 尺 7 寸，它的容积是 2 700 寸³。)一斛米的容积是 1 尺³6 $\frac{1}{5}$ 寸³；(刘徽注：就是指容积是 1 620 寸³。)一斛大豆、小豆、芝麻、麦的容积是 2 尺³4 $\frac{3}{10}$ 寸³。(刘徽注：就是指容积是 2 430 寸³。这里以粮食的粗精为率，而不粗略地使它们相等。粟率 5，米率 3，所以 1 斛米的容积折算成 1 斛粟的 $\frac{3}{5}$；大豆、小豆、芝麻、麦也分别按它们的率计算。所以用它们的三种量器称量，和现今的斛不同。当今大司农斛的直径 1 尺 3 寸 5 分 5 厘，深 1 尺。用徽率计算，容积是 1 441 寸³，还有剩余分数 $\frac{3}{10}$ 寸。王莽铜斛按现今的尺寸量得深 9 寸 5 分 5 厘，直径 1 尺 3 寸 6 分 8 厘 7 毫。用徽率，按现今的尺寸容积为 9 斗 7 升 4 合，还有奇零。《周礼·考工记》中说："栗氏制作量器，深 1 尺，内方边长 1 尺，外圆，容积 1 鬴。"用徽率，圆面积是 1 570 寸³。《左氏传》中说："齐国旧时的4个量器:豆、区、釜、钟。4升为1豆,豆、区分别近4,得到釜,10釜为1钟。"钟的容积6斛4斗,釜的容积6豆4升。底面边长1尺,深1尺,容积1 000寸³。如果这个这个方斛的容积是6斗4升,那么它外接圆柱容积10斗4合$1\frac{3}{5}$龠。用这些数值计算,斛的底面是边长1尺的正方形内切圆。庑旁1厘7毫,圆面积$156\frac{1}{4}$寸²,深1尺,容积$1 562\frac{1}{2}$寸³,容量10斗。王莽铜斛与《汉书·律历志》中所谈到的斛相同。)

今有穿地,袤一丈六尺,深一丈,上广六尺,为垣积五百七十六尺。问:穿地下广几何?

答曰:三尺五分尺之三。

术曰:置垣积尺,四之为实。穿地四为坚三。垣,坚也。以坚求穿地,当四之,三而一也。**以深、袤相乘**,为深袤之立实也。**又以三之为法。**以深、袤乘之立实除垣积,则坑广。又"三之"者,与坚率并除之。**所得,倍之。**坑有两广。先并而半之,即为广狭之中平。今先得其中平,故又倍之知,两广全也。**减上广,余即下广。**按:此术穿地四,为坚三。垣,即坚也。今以坚求穿地,当四乘之,三而一。"深袤相乘"者,为深袤立幂。以深袤立幂除积,即坑广。又

"三之为法"，与坚率并除。"所得倍之"者，为坑有两广，先并而半之，为中平之广。今此得中平之广，故倍之还为两广并。故"减上广，余即下广"也。

译文

现有挖土，长 1 丈 6 尺，深 1 丈，上底宽 6 尺，筑成墙体积是 576 尺^3。问：挖的土坑下底宽多少？

答：$3\frac{3}{5}$ 尺^3。

解法：列出墙体积，乘以 4 作为被除数。（刘徽注：挖土 4 为坚土 3。墙，用坚土。用坚土求挖土，乘以 4，除以 3。）将深和长相乘，（刘徽注：为深和长的纵截面面积。）再乘以 3 作为除数。（刘徽注：用墙的体积除以深和长的纵截面面积，就是坑的宽。再"乘以 3"的原因是，和坚土率一起除。）所得数值加倍。（刘徽注：坑有 2 个宽，先将它们相加，取半，即为宽窄的平均值。现在先求得平均值，所以加倍，两个宽就完整了。）减去上底的宽，余数就是下底的宽。（刘徽注：本题中，挖土 4 相当于坚土 3。墙，用坚土。现用坚土求挖土，乘以 4，除以 3。"深和长相乘"的原因，是求深和长的纵截面面积。墙体积除以深和长的纵截面面积，即为坑的宽。再"乘以 3 作为除数"的原因是，和坚土率一起除。"所得数值加倍"的原因是，坑有 2 个宽，先相加取半，得宽的平均值。先得到平均值，所以加倍得到 2 个宽的和。所以"减去上底的宽，余数就是下底的宽"。)

今有仓,广三丈,袤四丈五尺,容粟一万斛。问:高几何?

答曰:二丈。

术曰:置粟一万斛积尺为实。广袤相乘为法。实如法而一,得高尺。<small>以广袤之幂除积,故得高。按:此术本以广袤相乘,以高乘之,得此积。今还元,置此广袤相乘为法,除之,故得高也。</small>

译文

现有粮仓,宽3丈,长4丈5尺,容积装粟10 000斛。问:高是多少?

答:2丈。

解法:列出10 000斛粟的体积作为被除数。宽长相乘作为除数。被除数除以除数,得到高。(刘徽注:粮仓的体积除以深和长的截面面积,得到高。本题目本来用宽和长相乘,乘以高,得到体积。现在还原,列出宽和长相乘作为除数,作除法,得到高。)

今有圆囷,<small>圆囷,廪也,亦云圆囤也。</small>高一丈三尺三寸少半寸,容米二千斛。问:周几何?

答曰:五丈四尺。于徽术,当周五丈五尺二寸二十分寸之九。臣淳风等谨按:依密率,为周五丈五尺一百分尺之二十七。

术曰:置米积尺,此积犹圆囤墝埘之积。以十二乘之,令高而一。所得,开方除之,即周。于徽术,当置米积尺,以三百一十四乘之,为实。二十五乘围高,为法。所得,开方除之,即周也。此亦据见幂以求周,失之于微少也。

译文

现有圆囷,(刘徽注:圆囷,就是圆形粮仓,也叫圆囤。)高 1 丈 3 尺 3 $\frac{1}{3}$ 寸,容积装米 2 000 斛。问:周长是多少?

答:5 丈 4 尺。(刘徽注:用徽率,周长应当是 5 丈 5 尺 2 $\frac{9}{20}$ 寸。李淳风注:依照密率,周长为 5 丈 5 尺 5 $\frac{27}{100}$ 尺。)

解法:列出米的体积,(刘徽注:米的体积相当于圆形土城堡的体积。)乘以 12,除以高。所得数值开方,即为周长。(刘徽注:用徽率,应当列出米的体积,乘以 314,作为被除数。25 乘高,作为除数。所得数值开方,即为周长。这是根据面积求周长,误差在于稍微少了点。)

晋武库中有汉时王莽所作铜斛,其篆书字题斛旁云:律嘉量斛,方一尺而圜其外,庞旁九厘五毫,幂一百六十二寸,深一尺,积一千六百二十寸,容十斗。及斛底云:律嘉量斗,方尺而圜其外,庞旁九厘五毫,幂一尺六寸二分,深一寸,积一百六十二寸,容一斗。合、龠皆有文字。升居斛旁,合、龠在斛耳上。后有赞文,与今《律历志》同,亦魏晋所常用。今粗疏王莽铜斛文字尺寸分数,然不尽得升、合、勺之文字。

译文

晋代武库中有汉朝王莽所制铜斛,斛的侧面有篆书铭文:法定标准量器斛,内部是边长 1 尺的方形外部是圆形,庞旁 9 厘 5 毫,面积 162 寸^2,深 1 尺,容积 1 620 寸^3,容量 10 斗。斛底铭文:法定标准量器斗,内部是边长 1 尺的方形外部是圆形,庞旁 9 厘 5 毫,面积 162 寸^2,深 1 寸,容积 162 寸^3,容量 1 斗。合、龠的量器上都有文字。升的量器位于斛的量器旁边,合、龠在斛的耳上。量器的背面有赞文,与现今《律历志》上所记相同,魏晋时期常用。现在粗疏地记录了王莽铜斛上的文字、尺寸、分数,但没得到升、合、勺的文字。

按:此术本周自相乘,以高乘之,十二而一,得此积。今还元,置此积,以十二乘之,令高而一,即复本周自乘之数。凡物自乘,开方除之,复其本数。故开方除之,即得也。臣淳风等谨依密率,以八十八乘之,为实。七乘围高为法。实如法而一。开方除之,即周也。

译文

　　本题原本使周长自乘,乘以高,除以 12,得到体积。现在还原,列出体积,乘以 12,除以高,即为原本周长自乘所得的值。凡是数自乘,开方后,又恢复原本的数。所以开方,即可求得。李淳风注:依照密率,乘以 88,作为被除数。7 乘粮仓的高作为除数。被除数除以除数。开方,即为周长。

卷第六　均输

均输以御远近劳费

今有均输粟：甲县一万户，行道八日；乙县九千五百户，行道十日；丙县一万二千三百五十户，行道十三日；丁县一万二千二百户，行道二十日，各到输所。凡四县赋当输二十五万斛，用车一万乘。欲以道里远近、户数多少衰出之，问：粟、车各几何？

答曰：甲县粟八万三千一百斛，车三千三百二十四乘。乙县粟六万三千一百七十五斛，车二千五百二十七乘。丙县粟六万三千一百七十五斛，车二千五百二十七乘。丁县粟四万五百五十斛，车一千六百二十二乘。

术曰：令县户数各如其本行道日数而一，以为衰。

按：此均输，犹均运也。令户率出车，以行道日数为均，发粟为输。据甲行道八日，因使八户共出一车；乙行道十日，因使十户共出一车；……计其在道，则皆户一日出一车，故可为均平之率也。臣淳风等谨按：县户有多少之差，行道有远近之异。欲其均等，故各令行道日数约户为衰。行道多者少其户，行道少者多其户。故各令约户为衰。以八日约除甲县，得一百二十五，乙、丙各九十五，丁六十一。于今有术，副并为所有率，未并者各为所求率，以赋粟车数为所有数，而今有之，各得车数。一旬除乙，十三除丙，各得九十五；二旬除丁，得六十一也。**甲衰一百**

二十五,乙、丙衰各九十五,丁衰六十一,副并为法。以赋粟车数乘未并者,各自为实。衰分,科率。实如法得一车。各置所当出车,以其行道日数乘之,如户数而一,得率:户用车二日四十七分之三十一,故谓之均。求此户以率,当各计车之衰分也。有分者,上下辈之。辈,配也。车、牛、人之数不可分裂,推少就多,均赋之宜。今按:甲分既少,宜从于乙。满法除之,有余从丙。丁分又少,亦宜就丙。除之适尽。加乙、丙各一,上下辈益,以少从多也。以二十五斛乘车数,即粟数。

译文

均输(刘徽注:用来处理距离远近的劳费问题。)

现有平均分担运输粟米的任务:甲县 10 000 户,有 8 日行程;乙县 9 500 户,有 10 日行程;丙县 12 350 户,有 13 日行程;丁县 12 200 户,有 20 日行程;它们分别到达输所。4 个县应当共运输粟米 250 000 斛,用车 10 000 乘。想要按照距离远近、户数多少分配。问:粟米、车各应该多少?

答:甲县运输粟米 83 100 斛,出车 3 324 乘。乙县运输粟米 63 175 斛,出车 2 527 乘。丙县运输粟米 63 175 斛,出车 2 527 乘。丁县运输粟米 40 550 斛,出车 1 622 乘。

法则:使各县户数除以行程日数,作为分配率。(刘徽注:这里的均输,就是平均分配运输。按照户率出车,以行程日数为均等,发粟作为输。根据甲县行程 8 日,使

8 户出 1 车;乙县行程 10 日,使 10 户出 1 车;……计算在路上的日数,则 1 户 1 日出 1 车,所以这是平均分配的率。李淳风注:各县户数不同,行程有远近区别。想要平均分配,令各自的行程日数除户数作为分配率。行程多的减少户数,行程少的增加户数。所以令各自的行程日数除户数作为分配率。甲县户数除以 8 日,得 125,乙、丙各 95,丁 61。用今有法则,将它们相加作为所有率,未相加的率各自作为所求率,以输送粟的总车数作为所有数,运用今有法则,得各自的车数。乙县户数除以 10,丙县户数除以 13,各得 95;丁除以 20,得 61。)甲分配率 125,乙、丙分配率各 95,丁分配率 61,相加之和作为除数。分别用运输粟的车数乘各自的率,作为被除数。(刘徽注:衰分,即分配缴纳的赋税的率。)被除数除以除数,得各县出的车数。(刘徽注:分别列出应当出的车数,乘以它们的行程日数,除以户数,得率:每户 $2\frac{31}{47}$ 日出 1 车,所以使平均分配。求每户的率,应当各自用车的衰分计算。)如果有分数,就上下凑整。(刘徽注:辈,就是凑整。车、牛、人的数不可成分数,就将小的数加到大的数上,这是平均赋税的权宜之计。本题中既然甲县的分数少,最好加到乙县的数上。作除法,余数加到丙县的数上。丁县的分数少,加到丙县的数上。正好可以除尽。加到乙、丙县各有 1,上下凑整,以少的加到多的上。)分别用 25 斛乘各自出车数,即为各县出的粟数。

今有均输卒:甲县一千二百人,薄塞;乙县一千五百五十人,行道一日;丙县一千二百八十人,行道二日;丁县九百九十人,行道三日;戊县一千七百五十人,行道五日。凡五县,赋输卒一月一千二百人。欲以远近、人数多少衰出之。问:县各几何?

答曰:甲县二百二十九人。乙县二百八十六人。丙县二百二十八人。丁县一百七十一人。戊县二百八十六人。

术曰:令县卒各如其居所及行道日数而一,以为衰。按:此亦以日数为均,发卒为输。甲无行道日,但以居所三十日为率。言欲为均平之率者,当使甲三十人而出一人,乙三十一人而出一人。"出一人"者,计役则皆一人一日,是以可为均平之率。甲衰四,乙衰五,丙衰四,丁衰三,戊衰五,副并为法。以人数乘未并者各自为实。实如法而一。为衰,于今有术,副并为所有率,未并者各为所求率,以赋卒人数为所有数。此术以别,考则意同。以广异闻,故存之也。各置所当出人数,以其居所及行道日数乘之,如县人数而一。得率:人役五日七分日之五。有分者,上下辈之。辈,配也。今按:丁分最少,宜就戊除。不从乙者,丁近戊故也。满法除之,有余从乙。丙分又少,亦就乙除。有余从甲。除之适尽。从甲、丙二分，其数正等，二者于乙远近皆同，不以甲从乙者，方以下从上也。

译文

现平均分配征兵卒：甲县 1 200 人，贴近边塞；乙县 1 550人，距离有 1 日行程；丙县 1 280 人，距离有 2 日行程；丁县 990 人，距离有 3 日行程；戊县 1 750 人，距离有 5 日行程。5 县 1 个月共征兵卒 1 200 人。想要以远近、人数平均分配。问：5 县各出多少人？

答：甲县 229 人。乙县 286 人。丙县 228 人。丁县 171 人。戊县 286 人。

解法：使各县人数除以各县行程，作为分配率。（刘徽注：本题以行程日数为均等，征兵卒数作为输。甲县没有行程，所以以居住在这里 30 日作为率。想要平均分配，应使甲县 30 人出 1 人，乙县 31 人出 1 人。"出 1 人"的原因是，计算按 1 人服兵役 1 日，作为平均之率。）甲县分配率 4，乙县分配率 5，丙县分配率 4，丁县分配率 3，戊县分配率 5，相加作为除数。用总征兵人数分别乘未相加的分配率作为被除数。被除数除以除数。（刘徽注：计算出分配率，用今有法则，相加作为所有率，未相加的分别作为所求率，用服兵役的总人数作为所有数。本题与法则稍有区别，仔细考察意义还是相同的。为了开阔见闻，所有保存下来。列出各县应当出的人数，乘以居住在甲县和行程日数之和，除以各县人数。得率：每人服兵役

$5\frac{5}{7}$日。)如果有分数,就上下凑整。(刘徽注:辈,就是凑整。这里丁县的分数最小,应当并入戊县。不并入乙县的原因,是丁县距离戊近。满法就作除法,余数加入乙县。丙县的分数较小,也加入乙县作除法。余数加入甲县。正好除尽。甲、丙两县的分数正好相等,距离乙县又正好相同,不将甲县分数加入乙县的原因,是应当将下位数并入上位数。)

今有均赋粟:甲县二万五百二十户,粟一斛二十钱,自输其县;乙县一万二千三百一十二户,粟一斛一十钱,至输所二百里;丙县七千一百八十二户,粟一斛一十二钱,至输所一百五十里;丁县一万三千三百三十八户,粟一斛一十七钱,至输所二百五十里;戊县五千一百三十户,粟一斛一十三钱,至输所一百五十里。凡五县赋输粟一万斛。一车载二十五斛,与僦一里一钱①。欲以县户赋粟,令费劳等,问:县各粟几何?

答曰:甲县三千五百七十一斛二千八百七十三分斛之五百一十七。乙县二千三百八十斛二千八百七十三分斛之二千二百六十。丙县一千三百八十八斛二千八百七十三分斛之二千二百七十六。丁县一千七百一十九斛二千八百七十三分斛之一千三百一十三。戊县九百三十九斛二千八百七十三分斛之二千二百五十三。

术曰：以一里僦价乘至输所里，此以出钱为均也。问者曰："一车载二十五斛，与僦一里一钱。"一钱，即一里僦价也。以乘里数者，欲知僦一车到输所所用钱也。甲自输其县，则无取僦价也。以一车二十五斛除之，欲知僦一斛所用钱。加以斛粟价，则致一斛之费。加以斛之价于一斛僦直，即凡输粟取僦钱也：甲一斛之费二十，乙、丙各十八，丁二十七，戊十九也。各以约其户数，为衰。言使甲二十户共出一斛，乙、丙十八户共出一斛。……计其所费，则皆户一钱，故可为均赋之率也。计经赋之率，既有户算之率，亦有远近、贵贱之率。此二率者，各自相与通。通则甲二十、乙十二、丙七、丁十三、戊五。一斛之费谓之钱率。钱率约户率者，则钱为母、户为子。子不齐，令母互乘为齐，则衰也。若其不然。以一斛之费约户数，取衰。并有分，当通分纳子，约之，于算甚繁。此一章皆相与通功共率，略相依似。以上二率、下一率亦可放此，从其简易而已。又以分言之，使甲一户出二十分斛之一，乙一户出十八分斛之一，各以户数乘之，亦可得一县凡所当输，俱为衰也。乘之者，乘其子，母报除之。以此观之，则以一斛之费约户数者，其意不异矣。然则可置一斛之费而返衰之。约户，以乘户率为衰也。合分注曰："母除为率，率乘子为齐。"返衰注曰："先同其母，各以分母约，其子为返衰。"以施其率，为算既约，且不妨处下也。**甲衰一千二十六，乙衰六百八十四，丙衰三百九十九，丁衰四百九十四，戊衰二百七十，副并为法。所赋粟**

乘未并者,各自为实。实如法得一。各置所当出粟,以其一斛之费乘之,如户数而一,得率:户出三钱二千八百七十三分钱之一千三百八十一。按:此以出钱为均。问者曰:"一车载二十五斛,与僦①一里一钱。"一钱即一里僦价也。以乘里数者,欲知僦一车到输所用钱。甲自输其县,则无取僦之价。"以一车二十五斛除之"者,欲知僦一斛所用钱。加一斛之价于一斛僦直,即凡输粟取僦钱:甲一斛之费二十,乙、丙各十八,丁二十七,戊一十九。"各以约其户,为衰":甲衰一千二十六,乙衰六百八十四,丙衰三百九十九,丁衰四百九十四,戊衰二百七十。言使甲二十户共出一斛,乙、丙十八户共出一斛。计其所费,则皆户一钱,故可为均赋之率也。于今有术,副并为所有率,未并者各为所求率,赋粟一万斛为所有数。此今有、衰分之义也。

注释

①僦jiù:租赁。

译文

现平均缴纳税粟:甲县20 520户,1斛粟20钱,自己运输到本县;乙县13 312户,1斛粟10钱,运输到税所200里;丙县7 182户,1斛粟12钱,运输到税所150里;丁县13 338户,1斛粟17钱,运输到税所250里;戊县5 130户,1斛粟13钱,运输到税所150里。五县共需缴纳税粟10 000斛粟。1车可以载粟25斛,租赁车的价格是1里1钱。想要根据各县户数平均分配税粟,使费劳都平均,问:各县交纳粟多少?

答:甲县 3 571 $\frac{517}{2\,873}$ 斛。乙县 2 380 $\frac{2\,260}{2\,873}$ 斛。丙县

1 388 $\frac{2\,276}{2\,873}$ 斛。丁县 1 719 $\frac{1\,313}{2\,873}$ 斛。戊县 939 $\frac{2\,253}{2\,873}$ 斛。

解法:用 1 里的租车价乘各县输送到税所的里数,(刘徽注:本题以每户出钱相等为均。已知:"1 车载 25 斛,租赁价 1 里 1 钱。"1 钱,是车 1 里的租赁价。用它乘里数,就是 1 车输送粮食到税所用的钱。甲县自己输送到税所,所以没有租赁车的费用。)除以 1 车载 25 斛,(刘徽注:想要知道车载 25 斛的租赁价。)加上 1 斛粟的价格,则为输送 1 斛粟的费用。(刘徽注:租赁车输送 1 斛粟的价钱加上 1 斛粟的价格,就是缴纳 1 斛粟的总价钱。甲县 1 斛粟 20 钱,乙、丙县各 18 钱,丁县 27 钱,戊县 19 钱。)用它们分别除各县户数,作为分配率。(刘徽注:就是甲县 20 户共出 1 斛,乙、丙县 18 户共出 1 斛。……计算它们所负担费用,都是每户 1 钱,所以可以作为分配税粟平均的率。计算分配率,既有户率[每户缴税的率],也有钱率[行程远近、粟贵贱的率]。两个率要相通。户率为:甲县20,乙县12,丙县7,丁县13,戊县5。1 斛粟的费用就是钱率。钱率除户率,则钱率作为分母,户率作为分子。如果分子不齐,就互乘分母使分子齐,作为分配率。如果不这样计算,用 1 斛的费用除户数,作为分配率。有分数,应当通分并入分子再约简,计算很烦琐。本章相通的率,略为相似。上面 2 题,下面 1 题都可以按照此题,

简便计算。如果按分数表示,甲县每户出$\frac{1}{20}$斛,乙县每户出$\frac{1}{18}$斛。分别乘以户数,也可以得到各县缴纳的粟的率,全部作为分配率。乘就是乘分子,分母作报除。由此看来,用1斛的费用除户数,意义也没有区别。所以可以列出1斛的费用而利用返衰法则,除户数,乘户率作为分配率。分数加法法则注:"分母除分母之积作为率,率乘分子作为齐。"返衰法则注:"先使分母相同,分母分别除相同的分母,分子作为返衰法则的分配率。"主要计算分配率,计算简约,也不妨碍下面的计算。)甲县分配率1 026,乙县分配率684,丙县分配率399,丁县分配率494,戊县分配率270,将它们相加作为除数。缴纳税粟总数乘各自的未相加的分配率作为被除数。被除数除以除数。(刘徽注:分别列出各县应缴纳的粟数,乘以1斛的费用。

除以户数,得率:每户出$3\frac{1}{2}\frac{381}{873}$钱。本题以出钱数为均。

已知"1车载25斛,租赁价1里1钱。"1钱是车行1里的租赁价。用它乘里数,就是1车输送粮食到税所用的钱。甲县自己输送到税所,所以没有租赁车的费用。"除以1车载25斛"的原因,是想知道车载25斛的租赁价。加上1斛粟的价格,则为输送1斛粟的费用:甲县1斛粟20钱,乙、丙县各18钱,丁县27钱,戊县19钱。"用它们分别除各县户数,作为分配率":甲县分配率1 026,乙县分

配率 684，丙县分配率 399，丁县分配率 494，戊县分配率
270，就是甲县 20 户共出 1 斛，乙、丙县 18 户共出 1 斛，
计算它们所负担费用，都是每户 1 钱，所以可以作为分配
税粟平均的率。运用今有法则，分配率相加作为所有率，
未相加的分配率分别作为所求率，税粟 10 000 斛作为所
有数。本题具有今有、衰分法则的意义。)

今有均赋粟：甲县四万二千算，粟一斛二十，自输
其县；乙县三万四千二百七十二算，粟一斛一十八，佣
价一日一十钱，到输所七十里；丙县一万九千三百二
十八算，粟一斛一十六，佣价一日五钱，到输所一百四
十里；丁县一万七千七百算，粟一斛一十四，佣价一日
五钱，到输所一百七十五里；戊县二万三千四十算，粟
一斛一十二，佣价一日五钱，到输所二百一十里；己县
一万九千一百三十六算，粟一斛一十，佣价一日五钱，
到输所二百八十里。凡六县赋粟六万斛，皆输甲县。
六人共车，车载二十五斛，重车日行五十里，空车日行
七十里，载输之间各一日。粟有贵贱，佣各别价，以算
出钱，令费劳等，问：县各粟几何？

答曰：甲县一万八千九百四十七斛一百三十三分
斛之四十九。乙县一万八百二十七斛一百三十三分

斛之九。丙县七千二百一十八斛一百三十三分斛之六。丁县六千七百六十六斛一百三十三分斛之一百二十二。戊县九千二十二斛一百三十三分斛之七十四。己县七千二百一十八斛一百三十三分斛之六。

术曰：以车程行空、重相乘为法，并空、重，以乘道里，各自为实，实如法得一日。按：此术重往空还，一输再行道也。置空行一里，用七十分日之一；重行一里，用五十分日之一。齐而同之，空、重行一里之路，往返用一百七十五分日之六。完言之者，一百七十五里之路，往返六日也。故并空、重者，齐其子也；空、重相乘者，同其母也。于今有术，至输所里为所有数，六为所求率，一百七十五为所有率，而今有之，即各得输所用日也。加载输各一日，故得凡日也。而以六人乘之，欲知致一车用人也。又以佣价乘之，欲知致车人佣直几钱。以二十五斛除之，欲知致一斛之佣直也。加一斛粟价，则致一斛之费。加一斛之价于致一斛之佣直，即凡输一斛粟取佣所用钱。各以约其算数为衰，今按：甲衰四十二，乙衰二十四，丙衰十六，丁衰十五，戊衰二十，己衰十六。于今有术，副并为所有率，未并者各自为所求率，所赋粟为所有数。此今有衰分之义也。副并为法。以所赋粟乘未并者，各自为实。实如法得一斛。各置所当出粟，以其一斛之费乘之，如算数而一，得率：算出九钱一百三十三分钱之三。又载输之间各一日者，即二日也。

译文

现平均分配税粟：甲县42 000算，粟1斛值20钱，自行输送到本县;乙县 34 272 算,粟 1 斛值 18 钱,雇工 1 日 10 钱,到税所 70 里;丙县 19 328 算,粟 1 斛值 16 钱,雇工 1 日 5 钱,到税所 140 里;丁县 17 700 算,粟 1 斛值 14 钱,雇工 1 日 5 钱,到税所 175 里;戊县 23 040 算,粟 1 斛值 12 钱,雇工 1 日 5 钱,到税所 210 里;已县 19 136 算,粟 1 斛值 10 钱,雇工 1 日 5 钱,到税所 280 里。6 县共缴纳税粟 60 000 斛,全输送到甲县。6 人共用 1 车,每车载 25 斛粟,满载的车日行 50 里,空车日行 70 里,装卸时间各 1 日。粟有贵贱的分别,雇工价格不同,按算出钱,使费劳均等。问:各县缴纳粟多少?

答:甲县 18 947 $\frac{49}{133}$ 斛。乙县 10 827 $\frac{9}{133}$ 斛。丙县 7 218 $\frac{6}{133}$ 斛。丁县 6 766 $\frac{122}{133}$ 斛。戊县 9 022 $\frac{74}{133}$ 斛。已县 7 218 $\frac{6}{133}$ 斛。

解法:用空车每日行程、满载车每日行程的里数相乘,作为除数,两者相加,分别乘到税所的里数,作为被除数,被除数除以除数,得到各县到税所的日数。(刘徽注:本题中车满载去,空车回,1 次输送需在道上行 2 次。空车行 1 里用 $\frac{1}{70}$ 日,满载车行 1 里用 $\frac{1}{50}$ 日。将它们齐同,空车、满载车行 1 里,往返用 $\frac{6}{175}$ 日。用整数表示,175 里路,往返用 6 日。所以将空车、满载车每日行程相加,是使分子相齐;相乘,是使分母相同。运用今有法则,各县到税所的里数作为所有数,6 作为所求率,175 作为所有率,用今有法则计算,即求得各县到税所的日数。)加装卸时间各 1 日,(刘徽注:所以得到各县所用总日数。)乘以 6 人,(刘徽注:是想知道 1 车所用人数。又乘以雇工价,刘徽注:是想知道 1 车雇工的价格。)除以 25 斛,(刘徽注:是想知道输送 1 斛粟的雇工价格。)加 1 斛粟的价格,则得到输送 1 斛粟的总费用。(刘徽注:加 1 斛粟的价格到输送 1 斛粟的雇工价格上,得到缴纳 1 斛粟的总钱数。)分别除各县的算数作为分配率,(刘徽注:甲县分配率 42,乙县分配率 24,丙县分配率 16,丁县分配率 15,戊县分配率 20,己县分配率 16。运用今有法则,将它们相加作为所有率,未相加的分配率作为所求率,应缴纳的总税粟数作为所有数。本题具有今有、衰分法则的意义。)相加作为除数,用总税粟数乘未相加的分配率,各自作为被除数。被除数除以除数得到各县缴纳的粟的斛数。(刘徽注:分别列出各县缴纳的粟数,乘以 1 斛的费用,除以算数,得率:每算出 $9\frac{3}{133}$ 钱。又有装卸的时间各 1 日,即 2 日。)

今有粟七斗,三人分舂之,一人为粝米,一人为粺米,一人为糳米,令米数等。问:取粟、为米各几何?

答曰:粝米取粟二斗一百二十一分斗之一十。粺米取粟二斗一百二十一分斗之三十八。糳米取粟二斗一百二十一分斗之七十三。为米各一斗六百五分斗之一百五十一。

术曰:列置粝米三十,粺米二十七,糳米二十四,而返衰之。此先约三率:粝为十,粺为九,糳为八。欲令米等者,其取粟:粝率十分之一,粺率九分之一,糳率八分之一。当齐其子,故曰返衰也。臣淳风等谨按:米有精粗之异,粟有多少之差。据率,粺、糳少而粝多;用粟,则粺、糳多而粝少。米若依本率之分,粟当倍率故今返衰之①,使精取多而粗得少。副并为法。以七斗乘未并者,各自为取粟实。实如法得一斗。于今有术,副并为所有率,未并者各为所求率,粟七斗为所有数,而今有之,故各得取粟也。若求米等者,以本率各乘定所取粟为实,以粟率五十为法,实如法得一斗。若径求为米等数者,置粝米三,用粟五;粺米二十七,用粟五十;糳米十二,用粟二十五。齐其粟,同其米,并齐为法。以七斗乘同为实。所得,即为米斗数。

注释

①倍:背,违背。

译文

现有粟7斗,分3人舂,1人舂成糙米,1人舂成粺米,1人舂成精米,令所冲出的米数相等。问:各人取的粟、舂成的米是多少?

答:舂成糙米取粟 $2\frac{10}{121}$ 斗。舂成粺米取粟 $2\frac{38}{121}$ 斗。舂成精米取粟 $2\frac{73}{121}$ 斗。最终每人舂出米 $1\frac{151}{605}$ 斗。

解法:换算率糙米30,粺米27,精米24,用返衰法则。(刘徽注:先约简3率:糙米10,粺米9,精米8。想要使米数相等,取粟:糙米率 $\frac{1}{10}$,粺米率 $\frac{1}{9}$,精米率 $\frac{1}{8}$。应当使分子相齐,所以称返衰。李淳风注:米有精粗的区别,粟有多少的差别。根据率,粺米、精米少而糙米多;用的粟,粺米、精米取得多而糙米取得少。如果依照这个率取粟,粟就违背了它们的率。所以现在用返衰法则,使舂成精细米的取得多,而舂成粗米的取得少。)分配率相加作为除数。用7斗分别乘未相加的分配率作为所取粟的被除数。被除数除以除数,得到各人取粟的斗数。如果求相等的米数,用各自的本率分别乘以已确定的所取的粟数,作为被除数,用粟率50作为除数,被除数除以除数,得到各人取粟的斗数。(刘徽注:如果直接求舂成的米相等的数量,列出糙米3,用粟5;粺米27,用粟50;精米12,用粟25。使粟数相齐,米数相同,3个齐相加作为被除数。用7斗乘米数同作为被除数。计算所得即为舂成的米的斗数。)

今有人当禀粟二斛。仓无粟,欲与米一、菽二,以当所禀粟。问:各几何?

答曰:米五斗一升七分升之三。菽一斛二升七分升之六。

术曰:置米一、菽二,求为粟之数。并之,得三、九分之八,以为法。亦置米一、菽二,而以粟二斛乘之,各自为实。实如法得一斛。臣淳风等谨按:置粟率五,乘米一,米率三除之,得一、三分之二,即是米一之粟也;粟率十,以乘菽二,菽率九除之,得二、九分之二,即是菽二之粟也。并全,得三。齐子,并之,得二十四;同母,得二十七;约之,得九分之八。故云"并之,得三、九分之八"。米一、菽二当粟三、九分之八,此其粟率也。于今有术,米一、菽二皆为所求率,当粟三、九分之八,为所有率,粟二斛为所有数。凡言率者,当相与。通之,则为米九、菽十八,当粟三十五也。亦有置米一、菽二,求其为粟之率,以为列衰。副并为法,以粟乘列衰为实。所得即米一、菽二所求粟也。以米、菽本率而今有之,即合所问。

译文

现有人应当领粟 2 斛。但仓库没有粟了,想要用 1 份米、2 份大豆,当作粟给该人。问:米、大豆各应给多少?

答:米 5 斗 1 $\frac{3}{7}$ 升。大豆 1 斛 2 $\frac{6}{7}$ 升。

解法:列出米 1、大豆 2,折算成粟。相加,得 3 $\frac{8}{9}$,作为除数。再列出米 1、大豆 2，乘以粟 2 斛，分别作为被除数。被除数除以除数，得到米、大豆的斛数。（李淳风注：使粟率 5 乘米 1，除以米率 3，得 $1\frac{2}{3}$，这是与米 1 相当的粟；粟率 10，乘以大豆 2，大豆率除以 9，得 $2\frac{2}{9}$，即为与大豆 2 相当的数。两者相加得 3。使分子相齐，相加，得 24；分母相同，得 27；约简，得 $\frac{8}{9}$。所以说"相加，得 $3\frac{8}{9}$"。米 1、大豆 2 折算成粟 $3\frac{8}{9}$，这是粟的率，运用今有法则，米 1、大豆 2 都为所求率，粟 $3\frac{8}{9}$ 为所有率，粟 2 斛为所有数。凡是说到率，都互相通达。所以米 9、大豆 18，折合粟 35。也可以用米 1、大豆 2，求折算成粟的率，作为分配率。相加作为除数，用粟数乘分配率作为被除数。所得即为米 1、大豆 2 的应取的粟数。按米、大豆的折算率，用今有法则折算成米、大豆，即为所求。）

今有取佣，负盐二斛，行一百里，与钱四十。今负盐一斛七斗三升少半升，行八十里。问：与钱几何？

答曰：二十七钱一十五分钱之一十一。

术曰：置盐二斛升数，以一百里乘之为法。按：此术以负盐二斛升数乘所行一百里,得二万里。是为负盐一升行二万里,得钱四十。于今有术,为所有率。**以四十钱乘今负盐升数,又以八十里乘之,为实。实如法得一钱。**以今负盐升数乘所行里,今负盐一升凡所行里也。于今有术以所有数,四十钱为所求率也。衰分章"贷人千钱"与此同。

译文

现雇工,背盐 2 斛,行 100 里,付钱 40 。现背盐 1 斛 7 斗 3 $\frac{1}{3}$ 升,行 80 里。问:付多少钱?

答:27 $\frac{11}{15}$ 钱。

解法:列出盐 2 斛的升数,乘 100 里作为除数。(刘徽注:本题用背盐 2 斛的升数乘行 100 里,得 20 000 里。也就是背盐 1 升行 20 000 里,付钱 40 。运用今有法则,这作为所有率。)用 40 钱乘现背盐的升数,再乘 80 里,作为被除数。被除数除以除数得付钱数。(刘徽注:用现背盐的升数乘行的里数,即现背盐 1 升行的里数。运用今有法则,这为所有数,40 钱为所求率。衰分章的"贷人千钱"与本题意义相同。)

今有负笼,重一石行百步,五十返。今负笼重一

石一十七斤,行七十六步,问:返几何?

答曰:五十七返二千六百三分返之一千六百二十九。

术曰:以今所行步数乘今笼重斤数为法。此法谓负一斤一返所行之积步也。故笼重斤数乘故步,又以返数乘之,为实。实如法得一返。按:此法,负一斤一返所行之积步;此实者,一斤一日所行之积步。故以一返之课除终日之程,即是返数也。臣淳风等谨按:此术,所行步多者,得返少;所行步少者,得返多。然则故所行者,今返率也。故令所得返乘今返之率,为实,而以故返之率为法,今有术也。按:此负笼又有轻重,于是为术者因令重者得返少,轻者得返多。故又因其率以乘法、实者,重今有之义也。然此意非也。按:此笼虽轻而行有限,笼过重则人力遗。力有遗而术无穷,人行有限而笼轻重不等。使其有限之力随彼无穷之变,故知此术率乖理也。若故所行有空行返数,设以问者,当因其所负以为返率,则今返之数可得而知也。假令空行一日六十里,负重一斛,行四十里。减重一斗进二里半,负重二斗以下与空行同。今负笼重六斗,往返行一百步,问:返几何? 答曰:一百五十返。术曰:置重行率,加十里,以里法通之,为实。以一返之步为法。实如法而一,即得也。

译文

现背竹筐,重1石,行100步,50次往返。现背竹筐重1石17斤,行76步,问:往返多少次?

答:$57\frac{1629}{2603}$次。

解法:用现行的步数乘现背竹筐重的斤数作为除数。

(刘徽注:这里除数是指背1斤1次往返所行的步数。)原先竹筐重的斤数乘原先的步数,乘以原先往返数,作为被除数。被除数除以除数得现往返的次数。(刘徽注:这里除数是指背1斤1次往返所行的步数,背1斤1次往返的所行步数;这里被除数是指背1斤1日往返所行的步数。所以用1次往返的步数除1日的步数,即为往返的次数。李淳风注:本题,全程步数多,往返的次数就少;全程步数少,往返的次数就多。原先每次行的步数,就是现在往返次数的率。所以使原先往返次数乘现在往返次数的率,作为被除数。原先往返次数的率作为除数,运用今有法则。本题背的竹筐有轻有重,所以解题者应使竹筐重者往返次数少,轻者往返次数多。所以根据它们的率乘除数、被除数,这是重今有法则的意义。但是这种解法是错误的。竹筐轻者行路也是有限的,竹筐过重人就不能背起。人力有限度而解法却认为是无穷的,人行路有限而竹筐的轻重不等。使有限的人力随轻重作无穷的变化,所以得知解法中的率是有违常理的。如果用原先空行往返次数,假设以此作问题,应当根据负重建立往返的率,则现在往返的次数可知。假设令空行1日60里,负重1斛行40里。减重1斗增加$2\frac{1}{2}$里,负重2斗以下与空行相同。现负重6斗,往返行100步,问:1日往返多少次?答:150次。解法:列出负重行走的率,加10里,相通化为步数,作为被除数。用 1 次往返的步数作为除数。被除数除以除数,即可解答。)

今有乘传委输①,空车日行七十里,重车日行五十里。今载太仓粟输上林②,五日三返。问:太仓去上林几何?

答曰:四十八里一十八分里之一十一。

术曰:并空、重里数,以三返乘之,为法。令空、重相乘,又以五日乘之,为实。实如法得一里。此亦如上术。率:一百七十五里之路,往返用六日也。于今有术,则五日为所有数,一百七十五里为所求率,六日为所有率。以此所得,则三返之路。今求一返,当以三约之,因令乘法而并除也。为术亦可各置空、重行一里用日之率,以为列衰,副并为法。以五日乘列衰为实。实如法,所得即各空、重行日数也。各以一日所行以乘,为凡日所行。三返约之,为上林去太仓之数。按:此术重往空还,一输再还道。置空行一里用七十分日之一,重行一里用五十分日之一。齐而同之,空、重行一里之路,往返用一百七十五分日之六。完言之者,一百七十五里之路,往返用六日。故"并空、重"者,并齐也;"空、重相乘"者,同其母也。于今有术,五日为所有数,一百七十五为所求率,六为所有率。以此所得,则三返之路。今求一返者,当以三约之。故令乘法而并除,亦当约之也。

217

注释

①传zhuàn:驿车。

②太仓:古代京师储谷的大仓。上林:古宫苑名。秦旧
苑,汉初荒废,至汉武帝时重新扩建。

译文

现乘驿车输送粮食,空车日行 70 里,负重车日行 50
里。现装载太仓的粟输送到上林苑,5 日有 3 次往返。
问:太仓到上林苑距离有多少?

答:$48\frac{11}{18}$里。

解法:将空车、负重车日行里数相加,乘以 3 次往返,
作为除数。将空车、负重车日行里数相乘,乘以 5,作为
被除数。被除数除以除数得到距离的里数。(刘徽注:本
题如上题。率:175 里路,往返 6 日。运用今有法则,则 5
日为所有数,175 里为所求率,6 日为所有率。所求得的
里数则为 3 次往返的里数。现求 1 次往返,应当用 3 约
简,所以用 3 乘以除数一并除去。本题也可以列出空车、
负重车行 1 里所用日数的率,作为分配率,相加作为除
数。5 日分别乘以分配率作为被除数。被除数除以除
数,所得分别为空车、负重车行的日数。各乘以 1 日行的
里数,为 1 日的总行程数。除以 3 次往返,即为上林苑到
太仓的距离。本题负重车去,空车回,1 次输送在道上行
2 遍。列出空车行 1 里用$\frac{1}{70}$,负重车 1 里用$\frac{1}{50}$。使它们齐

同,空车、负重车行 1 里路,往返共用 $\frac{6}{175}$ 日。用整数表示,175 里路,往返用 6 日。所以"将空车、负重车日行里数相加"的原因,是将所齐的分子相加;"将空车、负重车日行里数相乘"的原因,是使分母相同。运用今有法则,5 日作为所有数,175 作为所求率,6 作为所有率。所得为 3 次往返的里数。现求 1 次往返,应当用 3 约简。所以用 3 乘除数然后一并连除,也相当于用 3 约简。)

　　今有络丝一斤为练丝一十二两①,练丝一斤为青丝一斤一十二铢②。今有青丝一斤,问:本络丝几何?

　　答曰:一斤四两一十六铢三十三分铢之一十六。

　　术曰:以练丝十二两乘青丝一斤一十二铢为法。以青丝一斤铢数乘练丝一斤两数,又以络丝一斤乘,为实。实如法得一斤。按:练丝一斤为青丝一斤十二铢,此练率三百八十四,青率三百九十六也。又络丝一斤为练丝十二两,此络率十六,练率十二也。置今有青丝一斤,以练率三百八十四乘之,为实。实如青丝率三百九十六而一。所得,青丝一斤,练丝之数也。又以络率十六乘之,所得为实,以练率十二为法,所得,即练丝用络丝之数也。是谓重今有也。虽各有率,不问中间。故令后实乘前实,后法乘前法而并除也。故以练丝两数为实,青丝铢数为法。一曰:又置络丝一斤两数与练丝十二两,约之,络得四,练得三。此其相与之率。又置练丝一斤铢数与青丝一斤一十二铢,约之,练得三十二,青得三十三。亦其相与之率。齐其青丝、络丝,同其二练,络得一百二十八,青得九十九,练得九十六,即三率悉通矣。今有青丝一斤为所有数,络丝一百二十八为所求率,青丝九十九为所有率。为率之意犹此,但不先约诸率耳。凡率错互不通者,皆积齐同用之。放此,虽四五转不异也。言"同其二练"者,以明三率之相与通耳,于术无以异也。又一术:今有青丝一斤铢数乘练丝一斤两数,为实;以青丝一斤一十二铢为法。所得,即用练丝两数。以络丝一斤乘所得为实,以练丝十二两为法,所得,即络丝斤数也。

注释

①络丝:生丝。练丝:未染色的熟丝。

②青丝:青色的丝线或绳缆。

译文

现有络丝 1 斤可练得练丝 12 两,练丝 1 斤可练得青丝 1 斤 12 铢。现有青丝 1 斤,问:原本是络丝多少?

答:1 斤 4 两 16$\frac{16}{33}$铢。

解法:用练丝 12 两乘青丝 1 斤 12 铢作为除数。用青丝 1 斤的铢数乘练丝 1 斤的两数,再乘以络丝 1 斤,作为被除数。被除数除以除数得络丝的斤数。(刘徽注:练丝 1 斤练得青丝 1 斤 12 铢,这里练丝率 384,青丝率 396。络丝 1 斤练成练丝 12 两,这里络丝率 16,练丝率 12 。列出现有青丝 1 斤,乘以络丝率 384,作为被除数。除以青丝率 396。所得为青丝 1 斤所需的练丝数。再乘以络丝率 16,所得作为被除数,以练丝率 12 作为除数,所得即为练丝所需的络丝数。这是重今有法则。虽然各有率,可以不问中间的率。使后面的被除数乘前面的被除数,后面的除数乘前面的除数,一并连除。所以用练丝的两数作为被除数,青丝的铢数作为除数。另一种解法:列出络丝 1 斤的两数与练丝 12 两,约简,络丝得 4,练丝得 3。这是它们的最简之比。再列出练丝 1 斤的铢数与青丝 1 斤 12 铢,约简,练丝得 32,青丝得 33 。这也是它们的最简之比。使青丝、络丝率相齐,使练丝的两个率相同,络丝得 128,青丝得 99,练丝得 96,即 3 率相互通达。现有青丝 1 斤作为所有数,络丝 128 作为所求率,青丝 99 作为所有率。建立率的意义也是这样,只是不先约简率罢了。凡是率互不相通,都先用齐同法则。仿照本题,即使转换 4、5 次,也不会有差错。“使练丝的两个率相同”的原因,是明确三种丝的率相互通达,与本题解法没有不同。再一种解法:现有青丝 1 斤的铢数乘练丝 1 斤的两数,作为被除数;用青丝 1 斤 12 铢作为除数。所得即为练丝的两数。乘以络丝 1 斤作为被除数,用练丝 12 两作为除数,所得即为络丝的斤数。)

今有恶粟二十斗^①,舂之,得粝米九斗。今欲求粺米一十斗,问:恶粟几何?

答曰:二十四斗六升八十一分升之七十四。

术曰:置粝米九斗,以九乘之,为法。亦置粺米十斗,以十乘之,又以恶粟二十斗乘之,为实。实如法得一斗。按:此术置今有求粺米十斗,以粝米率十乘之,如粺率九而一,即粺化为粝,又以恶粟率二十乘之,如粝率九而一,即粝亦化为恶粟矣。此亦重今有之义。为术之意,犹络丝也。虽各有率,不问中间。故令后实乘前实,后法乘前法,而并除之也。

注释

①恶粟:劣粟。

译文

现有劣粟20斗,舂得糙米9斗。现想要粺米10斗,问:需劣粟多少?

答:24斗6$\frac{74}{81}$升。

解法:列出糙米9斗,乘以9,作为除数。再列出粺米10斗,乘以10,又乘以劣粟20斗,作为被除数。被除数除以除数得所需劣粟的斗数。(刘徽注:本题列出现想要的粺米10斗,乘以糙米率10,除以粺米率9,即为粺米折算为糙米,又乘以劣粟率20,除以糙米率9,即为糙米折算为劣粟。本题也含有重今有法则的意义。本题的意

卷第六 均输

义,如同上面络丝题。虽然各有率,但可以不问中间的率。所以使后面的被除数乘前面的被除数,后面的除数乘前面的除数,一并连除。)

今有善行者行一百步,不善行者行六十步。今不善行者先行一百步,善行者追之。问:几何步及之?

答曰:二百五十步。

术曰:置善行者一百步,减不善行者六十步,余四十步,以为法。以善行者之一百步乘不善行者先行一百步,为实。实如法得一步。按:此术以六十步减一百步,余四十步,即不善行者先行率也;善行者行一百步,追及率。约之,追及率得五,先行率得二。于今有术,不善行者先行一百步为所有数,五为所求率,二为所有率,而今有之,得追及步也。

今有不善行者先行一十里,善行者追之一百里,先至不善行者二十里。问:善行者几何里及之?

答曰:三十三里少半里。

术曰:置不善行者先行一十里,以善行者先至二十里增之,以为法。以不善行者先行一十里乘善行者一百里,为实。实如法得一里。按:此术不善行者既先行一十里,后不及二十里,并之,得三十里也,谓之先行率。善行者一百里为追及率。约之,先行率得三,三为所有率,而今有之,即得也。其意如上

223

术也。

今有兔先走一百步,犬追之二百五十步,不及三十步而止。问:犬不止,复行几何步及之?

答曰:一百七步七分步之一。

术曰:置兔先走一百步,以犬走不及三十步减之,余为法。以不及三十步乘犬追步数为实。实如法得一步。按:此术以不及三十步减先走一百步,余七十步,为兔先走率。犬行二百五十步为追及率。约之,先走率得七,追及率得二十五。于今有术,不及三十步为所有数,二十五为所求率,七为所有率,而今有之,即得也。

译文

现行走快的人行 100 步,行走慢的人行 60 步。现行走慢的人先行 100 步,行走快的人追。问:多少步能追上?

答:250 步。

解法:列出行走快的人 100 步,减去行走慢的人 60 步,剩余 40 步,作为除数。用行走快的人的 100 步乘行走慢的人先行 100 步,作为被除数。被除数除以除数得追及的步数。(刘徽注:本题用 100 步减去 60 步,剩余 40 步,即为行走慢的人的先行率;行走快的人行 100 步,为追及率。约简,追及率得 5,先行率得 2。运用今有法则,行走慢的人先行 100 步作为所有数,5 为所求率,2 为所有率,用今有法则,得到追及的步数。)

现行走慢的人先行 10 里,行走快的人追 100 里,比行走慢的人先到 20 里。问:行走快的人走了多少里追上的?

答:33 $\frac{1}{3}$ 里。

解法:列出行走慢的人先行 10 里,加上行走快的人先到的 20 里,作为除数。用行走慢的人的先行 10 里乘行走快的人行 100 里,作为被除数。被除数除以除数得追上的里数。(刘徽注:本题行走慢的人先行 10 里,加上落后的 20 里,得 30 里,就是先行率。行走快的人行 100 里,为追及率。约简,先行率得 3,3 为所有率。运用今有法则,即可求得追上的里数。本题的意义如同上题。)

现有兔先跑 100 步,狗追 250 步,还差 30 步没追上所以停止。问:如果狗不停止,再追多少步能够追上?

答:107 $\frac{1}{7}$ 步。

解法:列出兔先跑 100 步,减去狗没追上的 30 步,余数作为除数。用没追上的 30 步乘狗追的步数作为被除数。被除数除以除数得追上还应再跑的步数。(刘徽注:本题用先跑的 100 步减去没追上的 30 步,余数 70 步,作为兔的先走率。狗跑 250 步作为追及率。约简,先走率得 7,追及率得 25。运用今有法则,没追上的 30 步作为所有数,25 作为所求率,7 作为所有率,用今有法则计算,即可求得再追的步数。)

今有人持金十二斤出关,关税之,十分而取一。今关取金二斤,偿钱五千。问:金一斤直钱几何?

答曰:六千二百五十。

术曰:以一十乘二斤,以十二斤减之,余为法。以一十乘五千,为实。实如法得一钱。按:此术置十二斤,以一乘之,十而一,得一斤五分斤之一,即所当税者也。减二斤,余即关取盈金。以盈除所偿钱,即金直也。今术既以十二斤为所税,则是以十为母,故以十乘二斤及所偿钱,通其率。于今有术,五千钱为所有数,十为所求率,八为所有率,而今有之,即得也。

译文

现有人持金 12 斤出关,关税是 $\frac{1}{10}$。现关卡收金 2 斤,偿还 5 000 钱。问:金 1 斤值多少钱?

答:6 250 钱。

解法:用 10 乘 2 斤,减去 12 斤,余数作为除数。用 10 乘 5 000,作为被除数。被除数除以除数得到 1 斤金值的钱。(刘徽注:本题列出 12 斤,乘以 1,除以 10,得 $1\frac{1}{5}$ 斤,即为应缴纳的税数。减 2 斤,余数即为关卡多取的金。以多取的金除偿还的钱,即 1 斤金值的钱。本题以 12 斤作为缴纳的税,是以 10 作为分母,所以用 10 乘 2 斤及偿还的钱,使率相通。运用今有法则,5 000 钱作为所有数,10 作为所求率,8 作为所有率,用今有法则计算,即得1斤金值的钱。)

今有客马,日行三百里。客去忘持衣。日已三分之一,主人乃觉。持衣追及,与之而还,至家视日四分之三。问:主人马不休,日行几何?

答曰:七百八十里。

术曰:置四分日之三,除三分日之一,按:此术"置四分日之三,除三分日之一"者,除,其减也。减之余,有十二分之五,即是主人追客还用日率也。半其余,以为法。去其还,存其往。率之者,子不可半,故倍母,二十四分之五。是为主人与客均行用日之率也。副置法,增三分日之一。法二十四分之五者,主人往追用日之分也。三分之一者,客去主人未觉之前独行用日之分也。并连此数,得二十四分日之十三,则主人追及前用日之分也。是为客用日率也。然则主人用日率者,客马行率也;客用日率者,主人马行率也。母同则子齐,是为客马行率五,主人马行率十三。于今有术,三百里为所有数,十三为所求率,五为所有率,而今有之,即得也。以三百里乘之,为实。实如法,得主人马一日行。欲知主人追客所行里者,以三百里乘客用日分子十三,以母二十四而一,得一百六十二里半。以此乘客马与主人均行日分母二十四,如客马与主人均行用日分子五而一,亦得主人马一日行七百八十里也。

译文

现有客人的马日行 300 里。客人离去时忘记带衣服。可是已经过了 $\frac{1}{3}$，主人才发现。带上衣服追上，还衣服后返回，到家是 $\frac{3}{4}$ 日。问：主人的马不休息，日行多少？

答：780 里。

解法：$\frac{3}{4}$ 日，除去 $\frac{1}{3}$ 日，（刘徽注：本题中"$\frac{3}{4}$ 日，除去 $\frac{1}{3}$ 日"，除，这里是减的意思。减得的余数，是 $\frac{5}{12}$，即为主人追客人和返回用的日率。）余数取半，作为除数。（刘徽注：去掉返回的时间，保留追赶的时间。率，分子不可取半，所以分母加倍，得 $\frac{5}{24}$。这是主人和客人的马同方向行走用的日率。）列出除数，加 $\frac{1}{3}$ 日。（刘徽注：除数 $\frac{5}{24}$，主人追到客人所用的日数的分数。$\frac{1}{3}$，是客人离去主人未发觉之前独行的日数的分数。两数相加，得 $\frac{13}{24}$，是主人追上之前用的日数的分数。是追上之前客人用的日数的率。主人用的日率，是客人马的行率；客人用的日率，是主人马的行率。分母同分子齐，所以客人马的行率 5，主人马的行率 13。运用今有法则，300 里作为所有数，13 作为所求率,5 作为所有率,用今有法则计算,即可求得主人的马日行里数。)乘以 300 里,作为被除数,被除数除以除数,得主人的马日行里数。(刘徽注:想要知道主人追客人所行的里数,用 300 里乘客人用的分子 13,除以分母 24,得 $162\frac{1}{2}$ 里。乘客人马与主人马同时行走日数的分母 24,除以客人马与主人马同时行走日数的分子 5,也求得主人马日行 780 里。)

今有金箠①,长五尺,斩本一尺,重四斤;斩末一尺,重二斤。问:次一尺各重几何?

答曰:末一尺重二斤;次一尺重二斤八两;次一尺重三斤;次一尺重三斤八两;次一尺重四斤。

术曰:令末重减本重,余,即差率也。又置本重,以四间乘之,为下第一衰。副置,以差率减之,每尺各自为衰。按:此术五尺有四间者,有四差也。今本末相减,余即四差之凡数也。以四约之,即得每尺之差。以差数减本重,余即次尺之重也。为术所置,如是而已。今此率以四为母,故令母乘本为衰,通其率也。亦可置末重,以四间乘之,为上第一衰。以差重率加之,为次下衰也。副置下第一衰,以为法。以本重四斤遍乘列衰,各自为实。实如法得一斤。以下第一衰为法,以本重乘其分母之数,而又反此率乘本重,为实。一乘一除,势无损益,故惟本存焉。众衰相推为率,则其余可知也。亦可副置末衰为法,而以末重二斤乘列衰为实。此虽迂回,然是其旧。故就新而言之也。

注释

①箠:鞭子。

译文

现有金鞭,长 5 尺,斩根部 1 尺,重 4 斤;斩顶部 1 尺,重 2 斤。问:每尺各重多少?

答:顶部 1 尺重 2 斤;下 1 尺重 2 斤 8 两;再下 1 尺重 3 斤;再下 1 尺重 3 斤 8 两;根部 1 尺重 4 斤。

解法:使根部 1 尺的重量减去顶部 1 尺的重量,余数即为差率。又列出根部的重量,用间隔 4 相乘,作为最下一段的分配率。再逐渐减去差率,各自作为每尺的分配率。(刘徽注:本题 5 尺有 4 个间隔,所以有 4 个等差。用 4 约简,即为每尺差。用根部重量减去差,就是下面第 2 尺重。本题的意思就是如此。这里,率以 4 为分母,所以令分母乘根部重量作为分配率,使率相通。也可以列出顶部重量,用 4 间隔相乘,为最上段的分配率。逐渐增加差率作为下面每段的分配率。)列出最下段的分配率,作为除数。用根部重 4 斤分别乘每尺的分配率,作为被除数。被除数除以除数得每尺的斤数。(刘徽注:以最下一段作为除数,以根部重量乘它的分母,再反过来以这个率乘根部的重量作为被除数。一乘一除，数值无减少无增加，只保存了根部的重量。由以上的分配率可以推导出率，可知其余各尺重量。也可以列出最上段的分配率，作为除数，以顶部重2斤乘分配率作为被除数。这种解法虽然迂回，原理却是原先的。所以也可以说是新的方法。）

　　今有五人分五钱，令上二人所得与下三人等。问：各得几何？

　　答曰：甲得一钱六分钱之二，乙得一钱六分钱之一，丙得一钱，丁得六分钱之五，戊得六分钱之四。

　　术曰：置钱，锥行衰。按：此术"锥行"者，谓如立锥：初一、次二、次三、次四、次五，各均，为一列者也。并上二人为九，并下三人为六。六少于九，三。数不得等，但以五、四、三、二、一为率也。以三均加焉，副并为法。以所分钱乘未并者，各自为实。实如法得一钱。此问者，令上二人与下三人等，上、下部差一人，其差三。均加上部，则得二三；均加下部，则得三三。上、下部犹差一人，差得三。以通于本率，即上、下部等也。于今有术，副并为所有率，未并各为所求率，五钱为所有数，而今有之，即得等耳。假令七人分七钱，欲令上二人与下五人等，则上、下部差三人。并上部为十三，下部为十五。下多上少，下不足减上。当以上、下部列差而后均减，乃合所问耳。此可仿下术：令上二人分二钱半为上率，令下三人分二钱半为下率。上、下二率以少减多，余为实。置二人、三人，各半之，减五人,余为法。实如法得一钱,即衰相去也。下衰率六分之五者,丁所得钱数也。

译文

现 5 人分 5 钱,使上 2 人得钱与下 3 人得钱相等。问:各分得多少钱?

答:甲 $1\frac{2}{6}$ 钱,乙 $1\frac{1}{6}$ 钱,丙 1 钱,丁 $\frac{5}{6}$ 钱,戊 $\frac{4}{6}$ 钱。

解法:列出钱数,按锥形分配率。(刘徽注:本题"锥形分配率",形状如同立锥:由上至下分别为 1、2、3、4、5,都均匀排成 1 列。)上 2 人的分配率相加为 9,下 3 人的分配率相加为 6 。6 比 9 少 3 。(刘徽注:各分配率不能相等。以 5、4、3、2、1 建立率。)分配率均等地加 3,相加作为除数。以所分的钱数乘未相加的分配率,分别作为被除数。被除数除以除数得到每人分到的钱。(刘徽注:本题令上 2 人与下 3 人分得钱相等。上下差 1 人,分配率差 3 。将 3 均等地加到上 2 人的分配率上,即加了两个 3;将 3 均等地加到下 3 人的分配率上,即加了三个 3,上下还差 1 人,分配率差 3。使它和原本的率相通,即上下分配率之和相等。运用今有法则,相加作为所有率,未相加的分配率作为所求率,5 钱作为所有数,根据今有法则计算,即可解答。假设 7 人分 7 钱,想要令上 2 人与下 5 人相等,则上下差 3 人 。上 2 人分配率 13,下 5 人分配率

九章算术

232

15 。下部多上部少，下部不足减上部。应当用上、下的均差均匀相减，这才符合问题。也可以仿照下题：令上 2 人分 $2\frac{1}{2}$ 为上率，下 3 人分 $2\frac{1}{2}$ 为下率。上下 2 率以少减多，余数作为被除数。列出 2 人、3 人，各取半，减 5 人，余数作为除数。被除数除以除数得钱数，即是公差。下部的分配率平均 $\frac{5}{6}$，就是丁所得的钱数。）

今有竹九节，下三节容四升，上四节容三升。问：中间二节欲均容，各多少？

答曰：下初一升六十六分升之二十九，次一升六十六分升之二十二，次一升六十六分升之一十五，次一升六十六分升之八，次一升六十六分升之一，次六十六分升之六十，次六十六分升之五十三，次六十六分升之四十六，次六十六分升之三十九。

术曰：以下三节分四升为下率，以上四节分三升为上率。此二率者，各其平率也。上、下率以少减多，余为实。按：此上、下节各分所容为率者，各其平率。"上、下以少减多"者，余为中间五节半之凡差，故以为实也。置四节、三节，各半之，以减九节，余为法。实如法得一升，即衰相去也。按：此术法者，上、下节所容已定之节，中间相去节数也；实者，中间五节半之凡差也。故实如法而一，则每节之差也。**下率一升少半升者，下第二节容也。**一升少半升者，下三节通分四升之平率。平率即为中分节之容也。

译文

现有竹 9 节，下 3 节容积 4 升，上 4 节容积 3 升。问：要想中间 2 节均匀递减，每节容积各是多少？

答：最下一节 $1\frac{29}{66}$，其次是 $1\frac{22}{66}$，其次是 $1\frac{15}{66}$，其次是 $1\frac{8}{66}$，其次是 $1\frac{1}{66}$，其次是 $\frac{60}{66}$，其次是 $\frac{53}{66}$，其次是 $\frac{46}{66}$，其次是 $\frac{39}{66}$。

解法：以下 3 节共分 4 升，作为下率，以上 4 节共分 3 升，作为上率。（刘徽注：这两个率分别是平均值。）上、下率多的减去少的，余数作为被除数。（刘徽注：本题上、下节容积的率，分别是它们的平均率。"上、下率多的减去少的"，余数是中间 $5\frac{1}{2}$ 节首尾的总差，所以作为被除数。）列出 4 节、3 节，分别取半，以它们减 9 节，余数作为除数。被除数除以除数得到的升数，即为每节容积的公差。（刘徽注：本题中，除数就是容积确定的上、下节相距的节数，被除数就是中间 $5\frac{1}{2}$ 节首尾的总差。所以被除

数除以除数,就是每节的差。)下率 $1\frac{1}{3}$ 升,就是下数第 2

节的容积。(刘徽注:$1\frac{1}{3}$ 升是下 3 节共分 4 升的平均

率。平率就是中间节的容积。)

今有凫起南海^①,七日至北海;雁起北海,九日至南海。今凫、雁俱起,问:何日相逢?

答曰:三日十六分日之十五。

术曰:并日数为法,日数相乘为实,实如法得一日。按:此术置凫七日一至,雁九日一至。齐其至,同其日,定六十三日凫九至,雁七至。今凫、雁俱起而问相逢者,是为共至。并齐以除同,即得相逢日。故"并日数为法"者,并齐之意;"日数相乘为实"者,犹以同为实也。一曰:凫飞日行七分至之一,雁飞日行九分至之一,齐而同之,凫飞定日行六十三分至之九,雁飞定日行六十三分至之七。是为南北海相去六十三分,凫日行九分,雁日行七分也。并凫、雁一日所行,以除南北相去,而得相逢日也。

注释

①凫:野鸭子。

卷第六 均输

235

译文

现有野鸭从南海起飞,7 日飞到北海;大雁从北海起

飞,9 日飞到南海。现在野鸭、大雁同时起飞,问:几日可相遇?

答:$3\frac{15}{16}$日。

解法:将日数相加作为除数,日数相乘作为被除数,被除数除以除数得到相遇日数。(刘徽注:本题列出野鸭飞到需要 7 日,大雁飞到需要 9 日。要使它们飞行次数相齐,飞行日数相同,则到 63 日内野鸭飞行 9 次,大雁飞行 7 次。现在野鸭、大雁同时起飞,求相遇时间,也就是同时飞到。齐相加,除同,得到相遇日数。所以"将日数相加作为除数",就是齐相加的意思;"日数相乘作为被除数",就是以同作为被除数。另一种解法:野鸭日行全程的$\frac{1}{7}$,大雁日行全程的$\frac{1}{9}$,将它们齐同,野鸭日行全程的$\frac{9}{63}$,大雁日行全程的$\frac{7}{63}$。也就是,南、北海相距63 份,野鸭日行 9 份,大雁日行 7 份。野鸭、大雁日行相加,除南、北海距离,得到相遇的日数。)

今有甲发长安,五日至齐;乙发齐,七日至长安。今乙发已先二日,甲乃发长安,问:几何日相逢?

答曰:二日十二分日之一。

术曰:并五日、七日,以为法。按:此术"并五日、七日为法"者，犹并齐为法。置甲五日一至，乙七日一至。齐而同之，定三十五日甲七至，乙五至。并之为十二至者，用三十五日也。谓甲、乙与发之率耳。然则日化为至，当除日，故以为法也。**以乙先发二日减七日**，"减七日"者，言甲、乙俱发，今以发为始发之端，于本道里则余分也。**余，以乘甲日数为实**。七者，长安去齐之率也；五者，后发相去之率也。今问后发，故舍七用五。以乘甲五日，为二十五日。言甲七至，乙五至，更相去，用此二十五日也。**实如法得一日**。一日甲行五分至之一，乙行七分至之一。齐而同之，甲定日行三十五分至之七，乙定日行三十五分至之五。是为齐去长安三十五分，甲日行七分，乙日行五分也。今乙先行发二日，已行十分，余，相去二十五分。故减乙二日，余，令相乘，为二十五分。

译文

　　现有甲从长安出发，5日到齐；乙从齐出发，7日到长安。现乙先出发2日，甲才从长安出发，问：几日可相遇？

　　答：$2\frac{1}{12}$日。

　　解法：5日、7日相加，作为除数。（刘徽注：本题"5日、7日相加，作为除数"，仍然是齐相加作为除数的意思。甲5日可到，乙7日可到。将它们齐同，35日甲可行7次，乙可行5次。相加为12次，用35日。这是甲、乙同时出发的率。但是日数化为到达的次数，应当除以日数，所以这个率作为除数。）7日减去乙先出发的2日，（刘徽注："减7日"，意思是甲、乙同时出发，现在用同时出发作为路程的开端,两人所行的路程就是乙已经行的路程的剩余路程。)余数乘甲行的日数作为被除数。(刘徽注:7日是长安到齐的率,5日是甲后出发时甲乙相距的率。已知甲后出发,所以舍7用5。5乘以甲行的5日,得25日。甲可行7次,乙可行5次,甲乙相遇,用25日。)被除数除以除数得到相遇日数。(刘徽注:甲日行全程的$\frac{1}{5}$,乙日行全程的$\frac{1}{7}$。将它们齐同,甲日行全程的$\frac{7}{35}$,乙日行全程的$\frac{5}{35}$。也就是,齐距离长安35份,甲日行7份,乙日行5份。现在乙先行2日,已经行10份,余数,相距25份。所以减去乙先行的2日,余数相乘,为25份。)

今有一人一日为牝瓦三十八枚①,一人一日为牡瓦七十六枚②。今令一人一日作瓦,牝、牡相半,问:成瓦几何?

答曰:二十五枚少半枚。

术曰:并牝、牡为法,牝、牡相乘为实,实如法得一枚。此意亦与兔雁同术。牝、牡瓦相并,犹如兔、雁日飞相并也。按:此术"并牝、牡为法"者,并齐之意;"牝、牡相乘为实"者,犹以同为实也。故实如法即得也。

注释

①牝pìn瓦：俯瓦，即筒瓦。

②牡瓦：仰瓦，即板瓦。

译文

现有1人1日可制作牝瓦38枚，1人1日可制作牡瓦76枚。现令1人1日制作瓦，牝瓦、牡瓦各半，问：制作了多少瓦？

答：$25\frac{1}{3}$枚。

解法：牝瓦、牡瓦相加作为除数，牝瓦、牡瓦相乘作为被除数，被除数除以除数得到瓦的枚数。（刘徽注：本题意义如同野鸭大雁题。牝瓦、牡瓦相加如同野鸭、大雁相加。本题"牝瓦、牡瓦相加作为除数"，是齐相加的意思；"牝瓦、牡瓦相乘作为被除数"，是以同作为被除数的意思。所以被除数除以除数即得瓦数。）

今有一人一日矫矢五十①，一人一日羽矢三十，一人一日筈矢十五②。今令一人一日自矫、羽、筈，问：成矢几何？

答曰：八矢少半矢。

术曰:矫矢五十,用徒一人;羽矢五十,用徒一人太半人;筈矢五十,用徒三人少半人。并之,得六人,以为法。以五十矢为实。实如法得一矢。按:此术言成矢五十,用徒六人,一日工也。此同工其作,犹兔、雁共至之类,亦以同为实,并齐为法。可令矢互乘一人为齐,矢相乘为同。今先令同于五十矢。矢同则徒齐,其归一也。以此术为兔雁者,当雁飞九日而一至,兔飞九日而一至七分至之二,并之,得二至七分至之二,以为法。以九日为实。实如法而一,得一人日成矢之数也。

注释

①矢:箭。

②筈:箭的末端,射箭时搭在弓弦上的部分。

译文

现有 1 人 1 日矫正箭杆 50 枝,1 人 1 日装箭翎 30 枝,1 人 1 日装箭尾 15 枝。现令 1 人 1 日自己完成矫正箭杆、装箭翎和装箭尾,问:可以制成箭多少枝?

答:$8\frac{1}{3}$ 枝。

解法:矫正箭杆 50 枝,用 1 人;装箭翎 50 枝,用 $1\frac{2}{3}$ 人;装箭尾 50 枝,用 $3\frac{1}{3}$ 人。将它们相加,得 6 人,作为除数。以 50 枝箭作为被除数。被除数除以除数得到箭数。(刘徽注:本题制成箭50枝,用6人,1日的工作量。这是同工协作类的问题,如同野鸭、大雁相遇问题,也是以同作为被除数,齐相加作为除数。可以使枝数乘1人作为齐,枝数相乘作为同。现先令同于50枝箭,箭的枝数相同,人数应与它相齐,这是归一方法。将本方法应用于野鸭大雁题,大雁飞9日到达1次,野鸭飞9日到达 $1\frac{2}{7}$ 次,相加,得 $2\frac{2}{7}$ 次,作为除数。以9日作为被除数。被除数除以除数得到1人1日制成箭数。)

今有假田[①],初假之岁三亩一钱,明年四亩一钱,后年五亩一钱。凡三岁得一百。问:田几何?

答曰:一顷二十七亩四十七分亩之三十一。

术曰:置亩数及钱数。令亩数互乘钱数,并以为法。亩数相乘,又以百钱乘之,为实。实如法得一亩。

按:此术令亩互乘钱者,齐其钱;亩数相乘者,同其亩。同于六十,则初假之岁得钱二十,明年得钱十五,后年得钱十二也。凡三岁得钱一百为所有数,同亩为所求率,四十七钱为所有率,今有之,即得也。齐其钱,同其亩,亦如凫雁术也。于今有术,百钱为所有数,同亩为所求率,并齐为所有率。臣淳风等谨按:假田六十亩,初岁得钱二十,明年得钱十五,后年得钱十二。并之得钱四十七,是为得田六十亩,三岁所假。于今有术,百钱为所有数,六十亩为所求率,四十七为所有率,而今有之,即合问也。

注释

①假：借。

译文

现租田，第一年 3 亩 1 钱，第二年 4 亩 1 钱，第三年 5 亩 1 钱。三年共交租 100 钱。问：田有多少？

答：1 顷 27 $\frac{31}{47}$ 亩。

解法：列出田的亩数和钱数。使亩数互乘钱数，相加作为除数。亩数相乘，又乘以 100 钱，作为被除数。被除数除以除数得到田的亩数。（刘徽注：本题使亩数互乘钱数，是为了使钱数相齐；亩数相乘，是为了使亩数相同。同于 60，则第 1 年交钱 20，第 2 年交钱 15，第 3 年交钱 12。3 年共交钱 100，作为所有数，同亩数作为所求率，47 钱作为所有率，用今有法则即可解答。使钱数相齐，亩数相同，也如同野鸭大雁题。运用今有法则，100 钱作为所有数，同亩数作为所求率，齐相加作为所有率。李淳风注：租田 60 亩，第 1 年交钱 20，第 2 年交钱 15，第 3 年交钱 12。相加，得钱 47 。也就是田 60 亩，租 3 年的租金。用今有法则计算，100 钱作为所有数，60 亩作为所求率，47 作为所有率，用今有法则，即可得到答案。）

今有程耕，一人一日发七亩，一人一日耕三亩，一人一日耰种五亩①。今令一人一日自发、耕、耰种之，问：治田几何？

答曰：一亩一百一十四步七十一分步之六十六。

术曰：置发、耕、耰亩数，令互乘人数，并，以为法。亩数相乘为实。实如法得一亩。此犹凫雁术也。臣淳风等谨按：此术亦发、耕、耰种亩数互乘人者，齐其人；亩数相乘者，同其亩。故并齐为法，以同为实。计田一百五亩，发用十五人，耕用三十五人，种用二十一人，并之，得七十一工。治得一百五亩，故以为实。而一人一日所治，故以人数为法除之，即得也。

注释

①耰yōu：粉碎土块的农具。也指用耰进行耕作。

译文

现按标准量耕作，1人1日开垦7亩，1人1日耕地3亩，1人1日播种5亩。现令1人1题自己开垦、耕地、播种，问：完成田地多少？

答：1亩114$\frac{66}{71}$步。

解法：列出开垦、耕地、播种的亩数，使它互乘人数，相加作为除数。亩数相乘作为被除数。被除数除以除数得到田的亩数。(刘徽注:本题如同野鸭大雁题。李淳风注:本题令开垦、耕地、播种的亩数互乘人数,是为了使人数相齐;亩数相乘,是为了使亩数相同。所以齐相加作为除数,为了使被除数相同。也就是,田105亩,开垦用15人,耕地用35人,播种用21人,相加共有71人。整治105亩,作为被除数。求1人1日所整治亩数,所以以人数作为除数,即可解答。)

今有池,五渠注之。其一渠开之,少半日一满;次,一日一满;次,二日半一满;次,三日一满;次,五日一满。今皆决之,问:几何日满池?

答曰:七十四分日之十五。

术曰:各置渠一日满池之数,并,以为法。按:此术其一渠少半满者,是一日三满也;次,一日一满;次,二日半满者,是一日五分满之二也;次,三日满者,是一日三分满之一也;次,五日满者,是一日五分满之一也。并之,得四满十五分满之十四也。以一日为实,实如法得一日。此犹矫矢之术也。先令同于一日,日同则满齐。自凫雁至此,其为同齐有二术焉,可随率宜也。

其一术:各置日数及满数。令日互相乘满,并,以为法。日数相乘为实。实如法得一日。亦如凫雁术也。按:此其一渠少半日满池者,是一日三满池也;次,一日一满;次,二日半满者,是五日再满;次,三日一满;次,五日一满。此谓列置日数于右行,及满数于左行。以日互乘满者,齐其满;日数相乘者,同其日。满齐而日同,故并齐以除同,即得也。

译文

现有水池,5 条水渠注水。只开第 1 条渠,$\frac{1}{3}$ 日可装满;开第 2 条渠,1 日可装满;开第 3 条渠,$2\frac{1}{2}$ 日可装满;开第 4 条渠,3 日可装满;开第 5 条渠,5 日可装满。现同时用 5 渠注水,问:多少日装满水池?

答:$\frac{15}{74}$ 日。

解法:分别列出水渠 1 日装满的水池数,相加作为除数。(刘徽注:本题第 1 条渠 $\frac{1}{3}$ 日注满,也就是 1 日可以注满 3 次;第 2 条渠 1 日注满;第 3 条渠 $2\frac{1}{2}$ 日注满,也就是 1 日注满 $\frac{2}{5}$ 池;第 4 条渠 3 日注满,也就是 1 日可以注满 $\frac{1}{3}$ 池;第 5 条渠 5 日注满,也就是 1 日可以注满 $\frac{1}{5}$ 池。相加,得 $4\frac{14}{15}$ 池。)以 1 日作为被除数,被除数除以除数得到所求日数。(刘徽注:这就像矫正箭矢的方法。先让它们都在同 1 日,日数相同则满池之数相平齐。从野鸭大雁问题到此,它们用齐同的方法有两种,可随时根据需要,用适宜方法来解。)

另一种解法:分别列出日数和注满水池数。令日数互乘注满水池数,相加作为除数。日数相乘作为被除数。被除数除以除数得到所求日数。(刘徽注:也如同野鸭大雁题。第 1 条渠 $\frac{1}{3}$ 日注满,也就是 1 日可以注满 3 次;第 2 条渠 1 日注满;第 3 条渠 $2\frac{1}{2}$ 日注满,也就是 5 日注满 2 池;第 4 条渠 3 日注满;第 5 条渠 5 日注满。在右行列出日数,在左行列出注满水池数。用日数互乘注满水池数,使注满水池数相齐;日数相乘,使日数相同。注满水池数相齐,日数相同,所以齐相加除同,即可解答。)

今有人持米出三关,外关三而取一,中关五而取一,内关七而取一,余米五斗。问:本持米几何?

答曰:十斗九升八分升之三。

术曰:置米五斗,以所税者三之,五之,七之,为实。以余不税者二、四、六相互乘为法。实如法得一斗。此亦重今有也。所税者,谓今所当税之。定三、五、七皆为所求率,二、四、六为所有率。置今有余米五斗,以七乘之,六而一,即内关未税之本米也。又以五乘之,四而一,即中关未税之本米也。又以三乘之，二而一，即外关未税之本米也。今从末求本，不问中间，故令中率转相乘而同之，亦如络丝术。

又一术：外关三而取一，则其余本米三分之二也。

求外关所税之余，则当置一，二分乘之，三而一。欲知中关，以四乘之，五而一。欲知内关，以六乘之，七而一。凡余分者，乘其母、子，以三、五、七相乘，得一百五，为分母；二、四、六相乘，得四十八，为分子。约而言之，则是余米于本所持三十五分之十六也。于今有术，余米五斗为所有数，分母三十五为所求率，分子十六为所有率也。

译文

现有人带米出3个关卡，外关征税3取1，中关征税5取1，内关征税7取1，剩余米5斗。问：原本带米多少？

答：10斗9$\frac{3}{8}$升。

解法：米5斗，分别乘以征税数3、5、7，作为被除数。以剩余不征税数2、4、6互乘作为除数。被除数除以除数得到米的斗数。（刘徽注：本题具有重今有法则的意义。征税数就是现在应当征税的部分。定3、5、7都为所求率，2、4、6都为所有率。列出现有剩余米5斗，乘以7，除以6，即为内关未征税时原本的米数。再乘以5，除以4，即为中关未征税时原本的米数。再乘以3，除以2，即为外关未征税时原本的米数。现在从最终米数求原本的米数，不用问中间的率，所以中间的率辗转相乘而连除，如同络丝题。）

另一种解法:外关3取1,则其余的米是原本米数的

$\dfrac{2}{3}$。(刘徽注:求外关征税后的剩余,应当取1,乘以2,除

以3。想知道中关征税后的剩余,乘以4,除以5。想知

道内关征税后的剩余,乘以6,除以7。求剩余的分数,就

使分母、分子分别相乘,用3、5、7相乘,得105,作为分母;

用2、4、6相乘,得48,作为分子。简约地表示,剩余的米

数是原本的米数的$\dfrac{16}{35}$。运用今有法则,剩余米5斗作为

所有数,分母35作为所求率,分子16作为所有率。)

今有人持金出五关,前关二而税一,次关三而税

一,次关四而税一,次关五而税一,次关六而税一。并

五关所税,适重一斤。问:本持金几何?

答曰:一斤三两四铢五分铢之四。

术曰:置一斤,通所税者以乘之,为实。亦通其不

税者,以减所通,余为法。实如法得一斤。此意犹上术

也。"置一斤,通所税者",谓令二、三、四、五、六相乘,为分母,七百二十

也。"通其所不税者",谓令所税之余一、二、三、四、五相乘,为分子,一

百二十也。约而言之,是为余金于本所持六分之一也。以子减母,凡五

关所税六分之五也。于今有术,所税一斤为所有数,分母六为所求率,

分子五为所有率。此亦重今有之义。又虽各有率,不问中间,故令中率

转相乘而连除之，即得也。置一以为持金之本率，以税率乘之、除之，则其率亦成积分也。

译文

现有人带金出5个关卡，第1关征税2取1，第2关征税3取1，第3关征税4取1，第4关征税5取1，第5关征税6取1。5个关卡征税总和正好1斤。问：原本带金多少？

答：1斤3两4$\frac{4}{5}$铢。

解法：列出1斤，通征税数连乘，作为被除数。也通不征税数，减通征税数，余数作为除数。被除数除以除数得到所求斤数。（刘徽注：本题意义如同上题。"列出1斤，通征税数连乘"的意思，是令2、3、4、5、6相乘，作为分母，得720。"通不征税数"的意思，是令征税的剩余1、2、3、4、5相乘，作为分子，得120。简约地表示，剩余的金是原本所带金的$\frac{1}{6}$。分母减去分子，5个关卡征税总共占原本金的$\frac{5}{6}$。运用今有法则，征税1斤作为所有数，分母6作为所求率，分子5作为所有率。本题具有重今有法则的意义。虽然有各自的率，但不同中间的率，所以令中间的率辗转相乘而连除，即可解答。列出1作为原本金的本率，用税率乘、除，这个率成为分数的积累。）

卷第七　盈不足

盈不足以御隐杂互见

今有共买物，人出八，盈三；人出七，不足四。问：人数、物价各几何？

答曰：七人，物价五十三。

今有共买鸡，人出九，盈一十一；人出六，不足十六。问：人数、鸡价各几何？

答曰：九人，鸡价七十。

今有共买琎①，人出半，盈四；人出少半，不足三。问：人数、琎价各几何？

答曰：四十二人，琎价十七。

注云："若两设有分者，齐其子，同其母。"此问两设俱见零分，故齐其子，同其母。又云："令下维乘上。讫，以同约之。"不可约，故以乘，同之。

今有共买牛，七家共出一百九十，不足三百三十；九家共出二百七十，盈三十。问：家数、牛价各几何？

答曰：一百二十六家，牛价三千七百五十。

按：此术并盈不足者，为众家之差，故以为实。置所出率各以家数除之，各得一家所出率，以少减多者，得一家之差。以除，即家数。以出率乘之，减盈，故得牛价也。

注释

①琎 jìn：同"璏"，美石。

译文

盈不足（刘徽注：用来处理含蓄错杂的问题。）

现共同买东西，每人出 8 钱，盈余 3 钱；每人出 7 钱，不足 4 钱。问：人数、物价各是多少？

答：7 人，物价 53 钱。

现共同买鸡，每人出 9 钱，盈余 11 钱；每人出 6 钱，不足 16 钱。问：人数、鸡价各是多少？

答：9 人，物价 70 钱。

现共同买琎，每人出一半，盈余 4 钱；每人出 $\frac{1}{3}$，不足 3 钱。问：人数、琎价各是多少？

答：42 人，物价 17 钱。

（刘徽注："如果 2 个假设中含有分数，就使分子相齐，分母相同。"本题 2 个假设都含有分数，所以使它们分子相齐，分母相同。又说："使下行与上行交叉相乘。之后，用同约简。"如果不能约简，就用分母乘，使它们相同。）

现共同买牛，7 家共出 190 钱，不足 330 钱；9 家共出 270 钱，盈余 30 钱。问：家数、牛价各是多少？

答：126 家，牛价 3 750 钱。

（刘徽注：本题盈和不足相加，作为众家出钱的差异，所以作为被除数。列出所出率，分别除以家数，得 1 家所出率。多数减去少数，得到 1 家的出钱差异。以它除，即为家数。用所出率乘，减去盈，便得到牛价。）

盈不足术曰：置所出率，盈、不足各居其下。按：盈者，谓朓①；不足者，谓之朒②；所出率谓之假令。令维乘所出率③，并以为实。并盈、不足，为法。实如法而一。盈、朒维乘两设者，欲为同齐之意。据"共买物，人出八，盈三；人出七，不足四"，齐其假令，同其盈、朒，盈、朒俱十二。通计齐则不盈不朒之正数，故可并之为实，并盈、不足为法。齐之三十二者，是四假令，有盈十二；齐之二十一者，是三假令，亦朒十二；并七假令合为一实，故并三、四为法。有分者，通之。若两设有分者，齐其子，同其母。令下维乘上，讫，以同约之。盈不足相与同其买物者，置所出率，以少减多，余，以约法、实。实为物价，法为人数。所出率以少减多者，余谓之设差，以为少设。则并盈、朒，是为定实。故以少设约定实，则法，为人数；适足之实故为物价。盈、朒当与少设相通。不可遍约，亦当分母乘，设差为约法实。

其一术曰：并盈、不足为实。以所出率以少减多，余为法。实如法得一人。以所出率乘之，减盈、增不足，即物价。此术意谓盈不足为众人之差。以所出率以少减多，余为一人之差。以一人之差约众人之差，故得人数也。

注释

①朓tiǎo：盈余。

②朒nù：亏缺，不足。

③维乘：交叉相乘。

译文

　　盈不足法则：列出所出率，分别在下面列出盈、不足之数。（刘徽注：盈，称为朓。不足，称为朒。所出率称为假令。）使它们与所出率交叉相乘，得数相加，作为被除数。再将盈、不足相加，作为除数。被除数除以除数。（刘徽注：盈、不足与2个假令交叉相乘，是为了实现同齐。已知"共同买东西，每人出8钱，盈余3钱；每人出7钱，不足4钱"，使假令相齐，盈、不足相同。盈、不足都是12。相通后计算齐，为不盈不亏的正确数值，所以可以相加作为被除数，而盈、不足相加作为除数。齐为32，是4个假令，盈余12；齐为21，是3个假令，亏缺12；将7个假令相加作为被除数，3、4相加作为除数。）如果有分数，应该通分。（刘徽注：如果两个假令有分数，就使分子相齐，分母相同。使下行的盈、不足与上行的假令交叉相乘，乘完后用同约简。）共同买物，如果出现盈、不足，就列出所出率，多的减去少的，用余数约简除数和被除数。被除数是物价,除数是购买的人数。(刘徽注:所出率以小减大,余数称为设差,作为少设的数。将盈、不足相加,作为定实。所以用少设约简定实,作为除数,得人数;去除适足的实,得物价。盈、不足应当与少设的数相通。如果不能约尽,应当用分母相乘,用设差约简除数和被除数。)

另一法则:盈、不足相加作为被除数。所出率,以少减多,余数作为除数。被除数除以除数得到人数。乘以所出率,减去盈或增补上不足,即为物价。(刘徽注:本题的意思是,盈、不足的和是众人出钱数的差。所出率以小减大,余数是1人出钱数的差。用1人出钱数的差约简众人出钱数的差,得到出钱人数。)

今有共买金,人出四百,盈三千四百;人出三百,盈一百。问:人数、金价各几何?

答曰:三十三人,金价九千八百。

今有共买羊,人出五,不足四十五;人出七,不足三。问:人数、羊价各几何?

答曰:二十一人,羊价一百五十。

两盈、两不足术曰:置所出率,盈、不足各居其下。令维乘所出率,以少减多,余为实。两盈、两不足以少减多,余为法。实如法而一。有分者,通之。两盈两不足相与同其买物者,置所出率,以少减多,余,以约法、实。实为物价,法为人数。按:此术两不足者,两设皆不足于正数。其所以变化,犹两盈。而或有势同而情违者。当其为实,俱令不足维乘相减,则遗其所不足焉。故其余所以为实者,无腑数以损焉。盖出而有余,两盈。两设皆逾于正数。假令与共买物,人出八,盈三;人出九,盈十。齐其假令,同其两盈。两盈俱三十。举齐则兼去。其余所以为实者,无盈数。两盈以少减多,余为法。齐之八十者,是十假令;而凡盈三十者,是十,以三之;齐之二十七者,是三假令;而凡盈三十者,是三,以十之。今假令两盈共十、三,以三减十,余七,为一实。故令以三减十,余七为法。所出率以少减多,余谓之设差。因设差为少设,则两盈之差是为定实。故以少设约法得人数,约实即得金数。

其一术曰:置所出率,以少减多,余为法。两盈、两不足以少减多,余为实。实如法而一,得人数。以所出率乘之,减盈、增不足,即物价。"置所出率,以少减多",得一人之差。两盈、两不足相减,为众人之差。故以一人之差除之,得人数。以所出率乘之,减盈、增不足,即物价。

译文

现共同买金,每人出 400 钱,盈余 3 400 钱;每人出 300 钱,盈余 100 钱。问:人数、金价各是多少?

答:33 人,金价 9 800 钱。

现共同买羊,每人出 5 钱,不足 45 钱;每人出 7 钱,不足 3 钱。问:人数、羊价各是多少?

答:21人,羊价150钱。

两盈、两不足法则:列出所出率,分别在下面列出盈、不足。使它们与所出率交叉相乘,以小减大,余数作为被除数。2个盈、2个不足以小减大,余数作为除数。被除数除以除数。如果有分数,就通分。共同出钱买物,列出所出率,以小减大,余数用来约简除数和被除数。被除数是物价,除数是人数。(刘徽注:本题2个不足,就是2个假令都小于正确的数。它的变化,如同2个盈。有时有形势相同、情理相反的情况出现。2个假令作为被除数,使2个不足与它们交叉相乘,再相减,留下的是它们的不足。余数作为被除数的原因是,没有不足之数可以减损。如果出现2个盈,就是2个假令都大于正确的数。假令共同买物,每人出8钱,盈余3钱;每人出9钱,盈余10钱。使假令相齐,2个盈相同。2个盈都是30。齐后盈可以消去。2个齐相减的余数可以作为被除数,无盈余。2个盈以小减大,余数作为除数。假令8通过齐化为80,相当于10个假令;总共盈是30,是用3乘10得到;假令9通过齐化为27,相当于3个假令;总共盈是30,是用10乘3得到;现在假令2个盈是10、3,用10减去3,余数7,作为被除数。所以令10减去3,余数7作为除数。所出率以小减大,余数称为设差。因为设差是少设,则2个盈的差作为定实。所以用少设约简除数得到人数,约简被除数即得金数。)

另一法则：列出所出率，以小减大，余数作为除数。2个盈、2个不足以小减大，余数作为被除数。被除数除以除数，得到人数。人数乘以所出率，减去盈余或增补不足，即为物价。（刘徽注："列出所出率，以小减大"，得到1人出钱数的差。2个盈、2个不足相减，是众人出钱数的差。所以用众人出钱数的差除以1人出钱数的差，得到出钱人数。分别乘以所出率，减去盈余或增补不足，即为物价。）

今有共买犬，人出五，不足九十；人出五十，适足。问：人数、犬价各几何？

答曰：二人，犬价一百。

今有共买豕，人出一百，盈一百；人出九十，适足。问：人数、豕价各几何？

答曰：一十人，豕价九百。

盈适足、不足术曰：以盈及不足之数为实。置所出率，以少减多，余为法。实如法得一人。其求物价者，以适足乘人数，得物价。此术意谓以所出率，"以少减多"者，余是一人不足之差。不足数为众人之差。以一人差约之，故得人之数也。"以盈及不足数为实"者，数单见，即众人差，故以为实。所出率以少减多，即一人差，故以为法。以除众人差，得人数。以适足乘人数，即得物价也。

译文

现共同买狗,每人出 5 钱,不足 90 钱;每人出 50 钱,钱数刚好。问:人数、狗价各是多少?

答:2 人,狗价 100 钱。

现共同买猪,每人出 100 钱,盈余 100 钱;每人出 90 钱,钱数刚好。问:人数、猪价各是多少?

答:10 人,猪价 900 钱。

盈适足、不足法则:用盈或者不足之数作为被除数。列出所出率,以小减大,余数作为除数。被除数除以除数得到人数。求物价,用钱数刚好对应的所出率乘人数,得到物价。(刘徽注:本题意思是,所出率"以小减大",余数是 1 人的不足之差。不足数是众人的所出之差。用 1 人之差约简,得到人数。"用盈或者不足之数作为被除数",因为这个数值本来就是众人的所出之差,所以直接作为被除数。所出率以小减大,即为 1 人所出差,作为除数。用它来除众人的所出之差,得到人数。人数乘以钱数刚好对应的所出率,即为物价。)

今有米在十斗桶中,不知其数。满中添粟而舂之,得米七斗。问:故米几何?

答曰：二斗五升。

术曰：以盈不足术求之。假令故米二斗，不足二升；令之三斗，有余二升。按：桶受一斛，若使故米二斗，须添粟八斗以满之。八斗得粝米四斗八升，课于七斗，是为不足二升。若使故米三斗，须添粟七斗以满之。七斗得粝米四斗二升，课于七斗，是为有余二升。以盈不足维乘假令之数者，欲为齐同之意。为齐同者，齐其假令，同其盈朒。通计齐即不盈不朒之正数，故可以并之为实，并盈、不足为法。实如法，即得故米斗数，乃不盈不朒之正数也。

今有垣高九尺。瓜生其上，蔓日长七寸；瓠生其下[1]，蔓日长一尺。问：几何日相逢？瓜、瓠各长几何？

答曰：五日十七分日之五，瓜长三尺七寸一十七分寸之一，瓠长五尺二寸一十七分寸之一十六。

术曰：假令五日，不足五寸；令之六日，有余一尺二寸。按："假令五日，不足五寸"者，瓜生五日，下垂蔓三尺五寸；瓠生五日，上延蔓五尺。课于九尺之垣，是为不足五寸。"令之六日，有余一尺二寸"者，若使瓜生六日，下垂蔓四尺二寸；瓠生六日，上延蔓六尺；课于九尺之垣，是为有余一尺二寸。以盈、不足维乘假令之数者，欲为齐同之意。齐其假令，同其盈朒。通计齐即不盈不朒之正数，故可并以为实，并盈、不足为法。实如法而一，即设差不盈不朒之正数，即得日数。以瓜、瓠一日之长乘之，故各得其长之数也。

注释

①瓠hù：草本植物，果实叫葫芦。

译文

现 10 斗桶中有米,不知道数量。添满粟舂成米得 7 斗。问:原本有多少米?

答:2 斗 5 升。

解法:用盈不足法则求解。假令原本有米 2 斗,不足 2 升;假令有 3 斗,盈余 2 升。(刘徽注:桶的容积是 1 斛米,如果原本有米 2 斗,需要添粟 8 斗填满。8 斗粟舂成糙米 4 斗 8 升,与 7 斗相比,不足 2 升。如果原本有米 3 斗,需要添粟 7 斗填满。7 斗粟舂成糙米 4 斗 2 升,与 7 斗相比,盈余 2 升。用盈、不足与假令交叉相乘,是为了齐同。齐同就是,使假令相齐,盈、不足相同。计算齐为不盈余也不亏缺的正确数值,所以可以将它们相加作为被除数,再将盈、不足相加作为除数。被除数除以除数,即为原本米的斗数,乃是不盈余也不亏缺的正确数值。)

现墙高 9 尺,瓜生于墙上,蔓每日长 7 寸;瓠生于墙根,蔓日长 1 尺。问:多少日可以相遇?那时瓜、瓠各有多长?

答:$5\frac{5}{17}$ 日相遇。那时瓜长 3 尺 $7\frac{1}{17}$ 寸,瓠长 5 尺 $2\frac{16}{17}$ 寸。

解法:假令 5 日相遇,不足 5 寸;假令 6 日相遇,盈余 1 尺 2 寸。(刘徽注:"假令 5 日相遇,不足 5 寸"的原因是，瓜生长 5 日，向下垂蔓 3 尺 5 寸；瓠生长 5 日，向上延蔓 5 尺；与 9 尺墙相比，不足 5 寸。"假令 6 日相遇，盈余 1 尺 2 寸"的原因是，如果瓜生长 6 日，向下垂蔓 4 尺 2 寸；瓠生长 6 日，向上延蔓 6 尺；与 9 尺墙相比，盈余 1 尺 2 寸。用盈、不足与假令交叉相乘，是为了齐同。使假令相齐，盈、不足相同。计算齐为不盈余不亏缺的正确数值，所以可以相加作为被除数，盈、不足相加作为除数。被除数除以除数，得到不盈余不亏缺的正确数值，即为日数。用日数乘以瓜、瓠一日生长的长度，分别得到它们已经达到的长度。）

今有蒲生一日①，长三尺；莞生一日②，长一尺。蒲生日自半；莞生日自倍。问：几何日而长等？

答曰：二日十三分日之六，各长四尺八寸一十三分寸之六。

术曰：假令二日，不足一尺五寸；令之三日，有余一尺七寸半。按："假令二日，不足一尺五寸"者，蒲生二日，长四尺五寸；莞生二日，长三尺；是为未相及一尺五寸，故曰不足。"令之三日，有余一尺七寸半"者，蒲增前七寸半，莞增前四尺，是为过一尺七寸半，故曰有余。以盈不足乘除之。又以后一日所长各乘日分子，如日分母而一者，各得日分子之长也。故各增二日定长，即得其数。

261

注释

①蒲：蒲草。

②莞guān：草名，指水葱一类的植物。

译文

现有蒲第 1 日，长 3 尺；莞第 1 日，长 1 尺。蒲的生长每日是前 1 日的一半，莞的生长每日是前 1 日的 2 倍。问：多少日它们的长度可以相等？

答：$2\frac{6}{13}$日，各长 4 尺 8 $\frac{6}{13}$寸。

解法：假令 2 日，不足 1 尺 5 寸；假令 3 日，盈余 1 尺 7 $\frac{1}{2}$寸。（刘徽注："假令 2 日，不足 1 尺 5 寸"的原因，蒲生长 2 日，长 4 尺 5 寸；莞生长 2 日，长 3 尺；它们相差 1 尺 5 寸，所以说是不足。"假令 3 日，盈余 1 尺 7 $\frac{1}{2}$寸"的原因，蒲比前 1 日增加 7 $\frac{1}{2}$寸，莞比前 1 日增加 4 寸，超过了蒲 1 尺 7 $\frac{1}{2}$寸，所以说有盈余。用盈不足法则作乘除，得到日数。再用后 1 日它们的长度分别乘日数的分子，除以日数的分母，分别得到日数分子的长度。所以各增加前 2 日生长的长度，即得它们的长度。）

今有醇酒一斗①，直钱五十；行酒一斗②，直钱一十。今将钱三十，得酒二斗。问：醇、行酒各得几何？

答曰：醇酒二升半，行酒一斗七升半。

术曰：假令醇酒五升，行酒一斗五升，有余一十；令之醇酒二升，行酒一斗八升，不足二。据醇酒五升，直钱二十五；行酒一斗五升，直钱一十五。课于三十，是为有余十。据醇酒二升，直钱一十；行酒一斗八升，直钱一十八；课于三十，是为不足二。以盈不足术求之。此问已有重设及其齐同之意也。

今有大器五，小器一，容三斛；大器一，小器五，容二斛。问：大、小器各容几何？

答曰：大器容二十四分斛之十三，小器容二十四分斛之七。

术曰：假令大器五斗，小器亦五斗，盈一十斗；令之大器五斗五升，小器二斗五升，不足二斗。按：大器容五斗，大器五容二斛五斗。以减三斛，余五斗，即小器一所容。故曰"小器亦五斗"。小器五容二斛五斗，大器一，合为三斛。课于两斛，乃多十斗。令之大器五斗五升，大器五合容二斛七斗五升。以减三斛，余二斗五升，即小器一所容。故曰"小器二斗五升"。大器一容五斗五升，小器五合容一斛二斗五升，合为一斛八斗。课于二斛，少二斗。故曰"不足二斗"。以盈、不足维乘，除之。

注释

①醇酒：味浓香郁的纯正美酒。

②行酒：质量差的酒。

译文

现有醇酒 1 斗,值 50 钱;行酒 1 斗,值 10 钱。现付钱 30,得酒 2 斗。问:醇、行酒各得多少?

答:醇酒 2 $\frac{1}{2}$ 升,行酒 1 斗 7 $\frac{1}{2}$ 升。

解法:假令醇酒 5 升,行酒 1 斗 5 升,盈余 10 钱;假令醇酒 2 升,行酒 1 斗 8 升,不足 2 钱。(刘徽注:根据醇酒 5 升,值 25 钱;行酒 1 斗 5 升,值 15 钱。与 30 钱相比,盈余 10 钱。根据醇酒 2 升,值 10 钱;行酒 1 斗 8 升,值 18 钱;与 30 钱相比,不足 2 钱。用盈不足法则求解。本题具有双重假设和齐同法则的意义。)

现有大容器 5 个,小容器 1 个,容积总共是 3 斛;大容器 1 个,小容器 5 个,容积总共是 2 斛。问:大、小容器的容积各是多少?

答:大容器 $\frac{13}{24}$ 斛,小容器 $\frac{7}{24}$ 斛。

解法:假令大容器的容积是 5 斗,小容器的容积也是 5 斗,盈余 10 斗;假令大容器的容积是 5 斗 5 升,小容器的容积是 2 斗 5 升,不足 2 斗。(刘徽注:大容器的容积是 5 斗,5 个大容器的容积就是 2 斛 5 斗。减 3 斛,剩余 5 斗,即为小容器的容积。所以说"小容器的容积也是 5 斗"。5 个小容器的容积是 2 斛 5 斗,加上 1 个大容器,合起来是 3 斛。与 2 斛相比,多余 10 斗。假令大容器的容积 5 斗 5 升,5 个大容器的容积就是 2 斛 7 斗 5 升。减 3 斛,剩余 2 斗 5 升,即为 1 个小容器的容积。所以说"小容器的容积是 2 斗 5 升"。1 个大容器的容积是 5 斗 5 升,5 个小容器的容积是 1 斛 2 斗 5 升,合起来是 1 斛 8 斗。与 2 斛相比,少 2 斗。所以说"不足 2 斗"。以盈、不足交叉相乘,再作除法。)

今有漆三得油四,油四和漆五。今有漆三斗,欲令分以易油,还自和余漆。问:出漆、得油、和漆各几何?

答曰:出漆一斗一升四分升之一,得油一斗五升,和漆一斗八升四分升之三。

术曰:假令出漆九升,不足六升;令之出漆一斗二升,有余二升。按:此术三斗之漆,出九升,得油一斗二升,可和漆一斗五升,余有二斗一升,则六升无油可和,故曰不足六升。令之出漆一斗二升,则易得油一斗六升,可和漆二斗。于三斗之中已出一斗二升,余有一斗八升。见在油合和得漆二斗,则是有余二升。以盈、不足维乘之,为实。并盈、不足为法。实如法而一,得出漆升数。求油及和漆者,四、五各为所求率,三、四各为所有率,而今有之,即得也。

译文

现有 3 份漆可换 4 份油,4 份油可以调和成 5 份漆。

现有漆 3 斗,想要分出一部分换油,换来的油可以调和剩余的漆。问:分出的漆、换得的油、调和的漆各是多少?

答:分出的漆是 1 斗 1 $\frac{1}{4}$ 升,换得的油是 1 斗 5 升,和的漆是 1 斗 8 $\frac{3}{4}$ 升。

解法:假令分出漆 9 升,不足 6 升;分出漆 1 斗 2 升,盈余 2 升。(刘徽注:本题从 3 斗漆里分出 9 升,换得油 1 斗 2 升,可调和漆 1 斗 5 升,剩余有 2 斗 1 升,其中 6 升无油可调,所以说是不足 6 升。假令分出漆 1 斗 2 升,则换得油 1 斗 6 升,可和漆 2 斗。3 斗中已经分出 1 斗 2 升,剩余有 1 斗 8 升。现在油和漆 2 斗,则是有剩余 2 斗。以盈、不足交叉相乘,作为被除数。盈、不足相加作为除数。被除数除以除数,得到分出的漆的升数。求油及调和的漆,4、5 分别作为所求率,3、4 分别作为所有率,运用今有法则,即可解答。)

今有玉方一寸,重七两;石方一寸,重六两。今有石立方三寸,中有玉,并重十一斤。问:玉、石重各几何?

答曰:玉一十四寸,重六斤二两。石一十三寸,重四斤一十四两。

术曰:假令皆玉,多十三两;令之皆石,不足一十四两。不足为玉,多为石。各以一寸之重乘之,得玉、石之积重。立方三寸是一面之方,计积二十七寸。玉方一寸重七两,石方一寸重六两,是为玉、石重差一两。假令皆玉,合有一百八十九两。课于一十一斤,有余一十三两。玉重而石轻,故有此多。即二十七寸之中有十三寸,寸损一两,则以为石重,故言多为石。言多之数出于石以为玉。假令皆石,合有一百六十二两。课于十一斤,少十四两,故曰不足。此不足即以重为轻。故令减少数于并重,即二十七寸之中有十四寸,寸增一两也。

译文

现有方形玉边长 1 寸,重 7 两;方形石头边长 1 寸,重 6 两。现有立方体石头边长 3 寸,中间含有玉,总重量 11 斤。问:玉、石头各重多少?

答:玉 14 寸,重 6 斤 2 两。石 13 寸,重 4 斤 14 两。

解法:假令石中都是玉,超重 13 两;假令全是石,不足 14 两。不足之数是玉的体积,盈余之数是石的体积。分别乘以 1 寸^{3}之重,得到玉、石的重量。(刘徽注:立方体边长 3 寸是指每个边长,计算得体积 27 寸^3。方形玉边长 1 寸,重 7 两;方形石头边长 1 寸,重 6 两,也就是玉、石的重量差 1 两。假令都是玉,应该有 189 两。与 11 斤相比,剩余 13 两。玉重石轻,所以有盈余。即 27 寸^3 中有 13 寸^3,每寸减损 1 两,则为石的重量,所以说多的数为石的重量。多出数是因为将石当成了玉。假令都是石,应该有 162 两。与 11 斤相比,少 14 两,所以说是不足。这里不足是以重作为轻的结果。所以使石的总重量减去不足之数,即为 27 寸^3 中有 14 寸^3,每寸增加 1 两。)

今有善田一亩,价三百;恶田七亩,价五百。今并买一顷,价钱一万。问:善、恶田各几何?

答曰:善田一十二亩半,恶田八十七亩半。

术曰:假令善田二十亩,恶田八十亩,多一千七百一十四钱七分钱之二;令之善田一十亩,恶田九十亩,不足五百七十一钱七分钱之三。按:善田二十亩,直钱六千;恶田八十亩,直钱五千七百一十四、七分钱之二。课于一万,是多一千七百一十四、七分钱之二。令之善田十亩,直钱三千;恶田九十亩,直钱六千四百二十八、七分钱之四。课于一万,是为不足五百七十一、七分钱之三。以盈不足术求之也。

译文

现有良田 1 亩,价值 300 钱;薄田 7 亩,价值 500 钱。现在共买 1 顷,价值 10 000 钱。问:良田、薄田各多少?

答:良田 12 $\frac{1}{2}$ 亩,薄田 87 $\frac{1}{2}$ 亩。

解法:假令良田 20 亩,薄田 80 亩,盈余 1 714 $\frac{2}{7}$ 钱;

假令良田 10 亩,薄田 90 亩,不足 571 $\frac{3}{7}$ 钱。(刘徽注:良田 20 亩,值 6 000 钱;薄田 80 亩,值 5 714 $\frac{2}{7}$ 钱。与 10 000钱相比,盈余 1 714 $\frac{2}{7}$ 钱。假令良田 10 亩,值 3 000钱;薄田 90 亩,值 6 428 $\frac{4}{7}$ 钱。与 10 000 钱相比,不足 571 $\frac{3}{7}$ 钱。用盈不足法则求解。)

今有黄金九枚,白银一十一枚,称之重,适等。交易其一,金轻十三两。问:金、银一枚各重几何?

答曰:金重二斤三两一十八铢,银重一斤一十三两六铢。

术曰:假令黄金三斤,白银二斤一十一分斤之五,不足四十九,于右行。令之黄金二斤,白银一斤一十一分斤之七,多一十五,于左行。以分母各乘其行内之数。以盈、不足维乘所出率,并,以为实。并盈、不足为法。实如法,得黄金重。分母乘法以除,得银重。约之得分也。按:此术假令黄金九,白银一十一,俱重二十七斤。金,九约之,得三斤;银,一十一约之,得二斤一十一分斤之五;各为金、银一枚重数。就金重二十七斤之中减一金之重,以益银,银重二十七斤之中减一银之重,以益金,则金重二十六斤一十一分斤之五,银重二十七斤一十一分斤之六。以少减多,则金轻一十七两一十一分两之五。课于一十三两,多四两一十一分两之五。通分纳子言之,是为不足四十九。又令之黄金九,一枚重二斤,九枚重一十八斤;白银一十一,亦合重一十八斤也。乃以一十一除之,得一斤一十一分斤之七,为银一枚之重数。今就金重一十八斤之中减一枚金,以益银;复减一枚银,以益金,则金重一十七斤一十一分斤之七,银重一十八斤一十一分斤之四。以少减多,即金轻一十一分斤之八。课于一十三两,少一两一十一分两之四。通分纳子言之,是为多一十五。以盈不足为之,如法,得金重。"分母乘法以除"者,为银两分母,故同之。须通法而后乃除,得银重。余皆约之者,术省故也。

译文

现有黄金 9 枚,白银 11 枚,将它们称重,重量相等。交换 1 枚,黄金轻了 13 两。问:黄金、白银 1 枚各重多少?

答:黄金 2 斤 3 两 18 铢,白银 1 斤 13 两 6 铢。

解法:假令黄金 1 枚 3 斤,白银 1 枚 $2\frac{5}{11}$ 斤,不足 49,列在右行。假令黄金 1 枚 2 斤,白银 1 枚 $1\frac{7}{11}$ 斤,盈余 15,列在左行。分别用分母乘各自行内之数。用盈、不足与所出率交叉相乘,再相加作为被除数。将盈、不足相加作为除数。被除数除以除数,得黄金 1 枚的重量。用分母乘除数,再除相对应的被除数,得到白银 1 枚的重量。

将它们约简得到分数。(刘徽注:本题假令黄金 9 枚,白银 11 枚,都是重量 27 斤。金,用 9 约简,得 3 斤;银,用 11 约简,得 $2\frac{5}{11}$ 斤。这分别是金、银 1 枚的重量。金 27 斤中减去 1 枚金的重量,补上 1 枚银的重量,银 27 斤中减去 1 枚银的重量,补上 1 枚金的重量,则金重 $26\frac{5}{11}$ 斤,银重 $27\frac{6}{11}$ 斤。以小减大,则金轻 $17\frac{5}{11}$ 两。与 13 两相比,多 $4\frac{5}{11}$ 两。通分纳入分子,也就是不足 49 。又假令黄金 9 枚,1 枚重 2 斤,9 枚重 18 斤;白银 11 枚,也重 18 斤。于是除以 11,得到 $1\frac{7}{11}$ 斤,是银 1 枚的重量。现在从金重 18 斤中减去 1 枚金,补上 1 枚银;再从银重中减去 1 枚银的重量,补上 1 枚金,则金重 $17\frac{7}{11}$ 斤,银重 $18\frac{4}{11}$ 斤。以小减大,即金轻 $\frac{8}{11}$ 斤。与 13 两相比,少 $1\frac{4}{11}$ 两。通分纳入分子,也就是盈余 15 。用盈不足法则,得到金的重量。"用分母乘除数,再除相对应的被除数"的原因是白银的两分母相同,必须与除数相通后作除法,得到 1 枚银的重量。余数都约简,是为了方法可以简便。)

今有良马与驽马发长安[1]，至齐。齐去长安三千里。良马初日行一百九十三里，日增一十三里，驽马初日行九十七里，日减半里。良马先至齐，复还迎驽马。问：几何日相逢及各行几何？

答曰：一十五日一百九十一分日之一百三十五而相逢；良马行四千五百三十四里一百九十一分里之四十六，驽马行一千四百六十五里一百九十一分里之一百四十五。

术曰：假令十五日，不足三百三十七里半。令之十六日，多一百四十里。以盈、不足维乘假令之数，并而为实。并盈、不足为法。实如法而一，得日数。不尽者，以等数除之而命分。求良马行者：十四乘益疾里数而半之，加良马初日之行里数，以乘十五日，得十五日之凡行。又以十五日乘益疾里数，加良马初日之行。以乘日分子，如日分母而一。所得，加前良马凡行里数，即得。其不尽而命分。求驽马行者：以十四乘半里，又半之，以减驽马初日之行里数，以乘十五日，得驽马十五日之凡行。又以十五日乘半里，以减驽马初日之行，余，以乘日分子，如日分母而一。所得，加前里，即驽马定行里数。其奇半里者，为半法。以半法增残分，即得。其不尽者而命分。按："令十五日，不足三百三十七里半"者,据良马十五日凡行四千二百六十里,除先去齐三千里,定还迎驽马一千二百六十里。驽马十五日凡行一千四百二里半,并良、驽二马所行,得二千六百六十二里半。课于三千里,少三百三十七里半,故曰不足。"令之十六日,多一百四十里"者,据良马十六日凡行四千六百四十八里,除先去齐三千里,定还迎驽马一千六百四十八里,驽马十五日凡行一千四百九十二里。并良、驽二马所行,得三千一百四十里。课于三千里,余有一百四十里,故谓之多也。以盈不足之,"实如法而一,得日数"者,即设差不盈不朒之正数。以二马初日所行里乘十五日,为一十五日平行数。求初末益疾减迟之数者,并一与十四,以十四乘而半之,为中平之积。又令益疾减迟里数乘之,各为减益之中平里。故各减益平行数,得一十五日定行里。若求后一日,以十六日之定行里数乘日分子,如日分母而一,各得日分子之定行里数。故各并十五日定行里,即得。其驽马奇半里者,法为全里之分,故破半里为半法,以增残分,即合所问也。

注释

①驽马:劣马。

译文

现有良马和劣马从长安出发,到齐。齐距离长安3 000里。良马第1日日行193里,每日增加13里,劣马日行97里,每日减少$\frac{1}{2}$里。良马先到达齐,再返回迎劣马。问:几日可相遇,相遇时各行了多少里?

答:15$\frac{135}{191}$日相遇;良马行了 4 534 $\frac{46}{191}$里,劣马行了

1 465 $\frac{145}{191}$里。

解法:假令行了 15 日相遇,不足 337 $\frac{1}{2}$里。假令 16

日相遇,盈余 140 里。以盈、不足之数与假令之数交叉相乘,再相加作为被除数。盈、不足相加作为除数。被除数除以除数,得到相遇的日数。如果除不尽,就用等数约简而用分数表示。求良马的行程里数:用 14 乘每日增加的里数再取半,加上良马第 1 日行程的里数,乘 15 日,得 15日行程的总里数。又用 15 日乘每日增加的里数,加上良马第 1 日行程的里数。再乘第 16 日的分子,除以第 16日的分母。所得之数加上前面行程的里数,即得良马共走的里数。如果除不尽就用分数表示。求劣马的行程里数:用 14 乘$\frac{1}{2}$里,又取半,减劣马第 1 日行程的里数,再

乘 15 日,得到劣马 15 日行程的总里数。又用 15 乘$\frac{1}{2}$

里,减劣马第 1 日行程的里数,余数乘第 16 日的分子,除以第 16 日的分母,所得之数加上劣马前面行程的总里

数,即得劣马共走的里数。如果奇零是$\frac{1}{2}$里,就以 2 作为

除数,将所得之数增加到剩余的分数上,即可求得。如果除不尽就用分数表示。(刘徽注:“假令 15 日,不足

337$\frac{1}{2}$里"的原因,是根据良马15日共行4 260里,减去

先到达齐的3 000里,返回迎劣马确定是1 260里。劣马

15日共行1 402$\frac{1}{2}$里,良、劣马的行程相加,得2 662$\frac{1}{2}$

里。与3 000里相比,少337$\frac{1}{2}$里,所以称为不足。"假令

16日相遇,盈余140里"的原因,是根据良马16日共行

4 648里,减去先到达齐的3 000里,返回迎劣马确定是

1 648里;劣马16日共行1 492里,良、劣马的行程相加,

得3 140里。与3 000里相比,盈余140里,所以称为盈。

用盈不足法则,"被除数除以除数,得到相遇的日数",即

设差化为不盈余也不亏缺的正确数值。用良、劣马第1

日行程的里数乘15日,得15日匀速行走的里数。求第1

日到最后1日增加或减少的里数,将1和14相加,乘以

14再取半,即为平均值。又乘以每日增加或减少的里

数,分别为增加或减少的平均里数。所以分别加或减匀

速行的里数,得到15日行的总里数。如果求最后1日某

确定时刻的里数,用第16日的里数乘第16日的分子,除

以第16日的分母,得到该日的里数。所以分别加上15

日行的里数,即得良、劣马的行程。劣马行程有奇零$\frac{1}{2}$

里,除数为全1里的分数,所以破$\frac{1}{2}$里以2作为除数,增

加到剩余的分数上,即可解答题目。)

今有人持钱之蜀贾，利：十，三。初返，归一万四千；次返，归一万三千；次返，归一万二千；次返，归一万一千；后返，归一万。凡五返归钱，本利俱尽。问：本持钱及利各几何？

答曰：本三万四百六十八钱三十七万一千二百九十三分钱之八万四千八百七十六，利二万九千五百三十一钱三十七万一千二百九十三分钱之二十八万六千四百一十七。

术曰：假令本钱三万，不足一千七百三十八钱半；令之四万，多三万五千三百九十钱八分。按：假令本钱三万，并利为三万九千；除初返归留，余，加利为三万二千五百；除二返归留，余，又加利为二万五千三百五十；除第三返归留，余，又加利为一万七千三百五十五；除第四返归留，余，又加利为八千二百六十一钱半；除第五返归留，合一万钱，不足一千七百三十八钱半。若使本钱四万，并利为五万二千；除初返归留，余，加利为四万九千四百；除第二返归留，余，又加利为四万七千三百二十；除第三返归留，余，又加利为四万五千九百一十六；除第四返归留，余，又加利为四万五千三百九十钱八分；除第五返归留，合一万，余三万五千三百九十钱八分，故曰多。又术：置后返归一万，以十乘之，十三而一，即后所持之本。加一万一千，又以十乘之，十三而一，即第四返之本。加一万二千，又以十乘之，十三而一，即第三返之本。加一万三千，又以十乘之，十三而一，即第二返之本。加一万四千，又以十乘之，十三而一，即初持之本。并五返之钱以减之，即利也。

译文

现有人带钱去蜀地经商,利润是$\frac{3}{10}$。第 1 次返家,带回 14 000 钱;第 2 次返家,带回 13 000 钱;第 3 次返家,带回 12 000 钱;第 4 次返家,带回 11 000 钱;最后 1 次返家,带回 10 000 钱。第 5 次后,成本和利润正好全部返回。问:原本带钱和利润各是多少?

答:成本 30 468 $\frac{84\,876}{371\,293}$钱,利润 29 531 $\frac{286\,417}{371\,293}$钱。

解法:假令成本 30 000 钱,不足 1 738 $\frac{1}{2}$钱;假令成本 40 000 钱,盈余 35 390 $\frac{8}{10}$钱。(刘徽注:假令成本是 30 000钱,加上利润为 39 000 钱;减去第 1 次返家带回的钱,余数加上利润为 32 500 钱;减去第 2 次返家带回的钱,余数加上利润为 25 350 钱;减去第 3 次返家带回的钱,余数加上利润为 17 355 钱;减去第 4 次返家带回的钱,余数加上利润为 8 261 $\frac{1}{2}$钱;减去第 5 次返家带回的钱,即 10 000 钱,不足 1 738 $\frac{1}{2}$钱。若成本是 40 000 钱,加上利润为 52 000 钱;减去第 1 次返家带回的钱,余数加上利润为 49 400 钱;减去第 2 次返家带回的钱,余数加上利润为 47 320 钱;减去第 3 次返家带回的钱,余数加上利润为 45 916 钱;减去第 4 次返家带回的钱,余数加上利润为 45 390 $\frac{8}{10}$ 钱;减去第 5 次返家带回的钱,即 10 000 钱,盈余 35 390 $\frac{8}{10}$ 钱。所以称为盈。另一种解法:列出最后 1 次返家带回的 10 000 钱,乘以 10,除以 13 即为最后 1 次带的成本。加 11 000 钱,又乘以 10,除以 13,即为第 4 次带的成本。加 12 000 钱,乘以 10,除以 13,即为第 3 次带的成本。加 13 000 钱,又乘以 10,除以 13,即为第 2 次带的成本。加 14 000 钱,又乘以 10,除以 13,即为第 1 次带的成本。将 5 次返家带回的钱相加,减去成本,就是利润。)

今有垣厚五尺,两鼠对穿。大鼠日一尺,小鼠亦日一尺。大鼠日自倍,小鼠日自半。问:几何日相逢?各穿几何?

答曰:二日一十七分日之二。大鼠穿三尺四寸十七分寸之一十二,小鼠穿一尺五寸十七分寸之五。

术曰:假令二日,不足五寸;令之三日,有余三尺七寸半。大鼠日倍,二日合穿三尺;小鼠日自半,合穿一尺五寸;并大鼠所穿,合四尺五寸。课于垣厚五尺,是为不足五寸。令之三日,大鼠穿得七尺，小鼠穿得一尺七寸半。并之，以减垣厚五尺，有余三尺七寸半。以盈不足术求之，即得。以后一日所穿乘日分子，如日分母而一，即各得日分子之中所穿。故各增二日定穿，即合所问也。

译文

现有墙厚5尺，两只老鼠相对穿洞。大鼠第1日穿1尺，小鼠第1日也是穿1尺。大鼠每日加倍，小鼠每日减半。问：几日相遇？相遇时各穿了多少？

答：$2\frac{2}{17}$日相遇。相遇时大鼠穿了3尺4$\frac{12}{17}$寸，小鼠穿了1尺5$\frac{5}{17}$寸。

解法：假令2日相遇，不足5寸；假令3日相遇，盈余3尺7$\frac{1}{2}$寸。（刘徽注：大鼠每日加倍，2日应当穿3尺；小鼠每日减半，应当穿1尺5寸；加大鼠穿的墙，为4尺5寸。与墙厚5尺相比，不足5寸。假令3日相遇，大鼠穿7尺，小鼠1尺7$\frac{1}{2}$寸。将它们相加，减墙厚5尺，盈余3尺7$\frac{1}{2}$寸。用盈不足法则求解，即可得到相遇日数。用最后1日所穿的长度乘该日的分子，除以分母，分别得到该日的分子中各自所穿的长度。所以分别增加2日所穿的长度，即可解答问题。）

卷第八 方程

方程以御错糅正负①

今有上禾三秉，中禾二秉，下禾一秉，实三十九斗；上禾二秉，中禾三秉，下禾一秉，实三十四斗；上禾一秉，中禾二秉，下禾三秉，实二十六斗。问：上、中、下禾实一秉各几何？

答曰：上禾一秉九斗四分斗之一。中禾一秉四斗四分斗之一，下禾一秉二斗四分斗之三。

方程程，课程也。群物总杂，各列有数，总言其实。令每行为率，二物者再程，三物者三程，皆如物数程之。并列为行，故谓之方程。行之左右无所同存，且为有所据而言耳。此都术也，以空言难晓，故特系之禾以决之。又列中、左行如右行也。术曰②：置上禾三秉，中禾二秉，下禾一秉，实三十九斗于右方。中、左禾列如右方。以右行上禾遍乘中行，而以直除。为术之意，令少行减多行，返覆相减，则头位必先尽。上无一位，则此行亦阙一物矣。然而举率以相减，不害余数之课也。若消去头位，则下去一物之实。如是叠令左右行相减，审其正负，则可得而知。先令右行上禾乘中行，为齐同之意。为齐同者，谓中行直减右行也。从简易虽不言齐同，以齐同之意观之，其义然矣。又乘其次，亦以直除。复去左行首。然以中行中禾不尽者遍乘左行，而以直除。亦令两行相去行之中禾也。**左方下禾不尽者，上为法，下为实。实即下禾之实③。**上、中禾皆去，故余数是下禾实，非但一秉。欲约众秉之实，当以禾秉数为法。列此，以下禾之秉数乘两行，以直除，则下禾之位皆决矣。各以其余一位之秉除其下实。即计数矣用算繁而不省。所以别为法，约也。然犹不如自用其旧。广异法也。**求中禾，以法乘中行下实，而除下禾之实。**此谓中两禾实，下禾一秉实数先见，将中秉求中禾，其列实以减下实。而左方下禾虽去一，以法为母，于率不通。故先以法乘，其通而同之。俱令法为母，而除下禾实。以下禾先见之实令乘下禾秉数，即得下禾一位之列实。减于下实，则其数是中禾之实也。**余，如中禾秉数而一，即中禾之实④。**余，中禾一位之实也。故以一位秉数约之，乃得一秉之实也。**求上禾，亦以法乘右行下实，而除下禾、中禾之实。**此右行三禾共实，合三位之实。故以二位秉数约之，乃得一秉之实。今中、下禾之实其数并见，令乘右行之禾秉以减。故亦如前各求列实，以减下实也。**余，如上禾秉数而一，即上禾之实⑤。实皆如法，各得一斗⑥。**三实同用，不满法者，以法命之。母、实皆当约之。

注释

①糅：混杂。

②计算过程按照线性方程中的矩阵运算，过程如下：

上等禾 $\begin{pmatrix} 1 & 2 & 3 \\ 2 & 3 & 2 \\ 3 & 1 & 1 \\ 26 & 34 & 39 \end{pmatrix}$ $\xrightarrow{\text{中行}\times3-\text{右行}\times2}$ $\begin{pmatrix} 1 & 0 & 3 \\ 2 & 5 & 2 \\ 3 & 1 & 1 \\ 26 & 24 & 39 \end{pmatrix}$

（左侧标注自上而下：上等禾、中等禾、下等禾、实）

$\xrightarrow{\text{左行}\times3-\text{右行}}$ $\begin{pmatrix} 0 & 0 & 3 \\ 4 & 5 & 2 \\ 8 & 1 & 1 \\ 39 & 24 & 39 \end{pmatrix}$ $\xrightarrow{\text{左行}\times5-\text{右行}\times4}$ $\begin{pmatrix} 0 & 0 & 3 \\ 0 & 5 & 2 \\ 36 & 1 & 1 \\ 99 & 24 & 39 \end{pmatrix}$ 。

③下等禾的实:99。

④中等禾的实: $\dfrac{24 \times 36 - 99}{5} = 153$ 。

⑤上等禾的实: $\dfrac{39 \times 36 - 99 - 153 \times 2}{3} = 333$ 。

⑥实皆如法,各得一斗:分别除以除数,得到每等禾1捆的斗数。下等禾的斗数: $\dfrac{99}{36} = 2\dfrac{3}{4}$,中等禾的斗数: $\dfrac{153}{36} = 4\dfrac{1}{4}$,下等禾的斗数: $\dfrac{336}{36} = 9\dfrac{1}{4}$ 。

译文

方程(刘徽注:用来处理错杂的正负数问题。)

现有上等禾3捆,中等禾2捆,下等禾1捆,共有实39斗;上等禾2捆,中等禾3捆,下等禾1捆,共有实34斗;上等禾1捆,中等禾2捆,下等禾3捆,共有实26斗。

问:上、中、下等禾每捆的实各是多少?

答:上等禾每捆 $9\frac{1}{4}$ 斗,中等禾每捆 $4\frac{1}{4}$ 斗,下等禾每捆 $2\frac{3}{4}$ 斗。

方程(刘徽注:程,就是比较。众多物品混杂,各列都有数,总体表示为实。令每行作为 1 组率,2 种物品作 2 次比较,3 种物品作 3 次比较,有几种物品就作几次比较。将各列并排成行,称为方程。每行的左右行不能有同存关系,并且都是根据已知列出。这是普遍运用的法则,因避免空谈难以使人理解,所以特意举禾的例子来解决。又按照右行列出的方法,列出中、左行。)法则:列出上等禾 3 捆,中等禾 2 捆,下等禾 1 捆,共有实 39 斗在右行。按照右行的列出方式继续列出中、左行。用右行的上等禾捆数遍乘中行,再依次减去右行相对应的各数。(刘徽注:本法则的意思是,令数值大的行减去数值小的行,反复相减,首项必定先被减尽。这行缺少了 1 位,也就等于缺少了 1 种物品。但都是使率在互相减,不影响余数的比较。如果消去首项,那么接下来也要消去这种物品的实。就这样反复使左右行相减,考察实的正负情况,则可判断是否继续相减。先令右行上等禾的捆数乘中行,具有齐同的意义。齐同,这里是指中行减去右行对应的各数。为了简易即使不说是齐同,也是用齐同的意义思考,就可以明白了。)又用右行的上等禾捆数乘下一行,也依次减去右行相对应的各数。(刘徽注:也消去首项。)然后用中行的未减尽的中等禾捆数遍乘左行,依次减去中行对应的各数。(刘徽注:也令两行相减消去中等禾。)左行未减尽的下等禾,上面的捆数作为除数,下面的实作为被除数。被除数就是下等禾的实。(刘徽注:左行的上、中等禾都已被消去,所以余数就是下等禾的实,但不是1捆的实。想要约多捆的实,应当用禾的捆数作为除数。列出这行,用下等禾的捆数乘另两行,依次减去左行,则这两行下等禾位置上的数被消去。用每行其余的一种禾的捆数除下面的实。统计计算次数,运算烦琐不节省。所以为了简约,使用别的方法。但还是不如用旧法好。不过可以广泛扩充解题方法。)求中等禾的实,用上面的除数乘中行下面的实,再减去下等禾的实。(刘徽注:也就是,中、下等两种禾的实的总和,下等禾1捆的实为已知,从中等禾的捆数求中等禾的实,就要从列实中减去下等禾的实。虽然可减去左行下等禾1捆的实,以捆数作为分母,但是率不相通。所以先用捆数乘中行,使它们相通而相同。都令捆数作为分母,减去下等禾的实。以左行下等禾1捆的实乘中行下等禾的捆数,即得下等禾一种物品的列实。减中行下面的实,余数是中等禾的实。)余数,除以中等禾的捆数,即为中等禾的实。(刘徽注:余数,为中等禾一种物品的实。所以用它的捆数约简,得到1捆的实。)求上等禾的实,也是用除数乘右行下面的实,再减去下等禾、中等禾的实。(刘徽注:这里右行三种禾的总实,是三种物品的实的总和。所以消去两种物品的捆数,得到 1 捆的实。现中、下等禾的实都已得出,使它们乘右行相对应的捆数,减下面的实。所以如同前面分别求列实,减下面的实一样。)余数,除以上等禾的捆数,即为上等禾的实。分别除以除数,得到每等禾 1 捆的斗数。(刘徽注:三个实同时使用,除不尽就用除数作为分母用分数表示。分母、分子都应当约简。)

今有上禾七秉,损实一斗,益之下禾二秉,而实一十斗;下禾八秉,益实一斗,与上禾二秉,而实一十斗。问:上、下禾实一秉各几何?

答曰:上禾一秉实一斗五十二分斗之一十八,下禾一秉实五十二分斗之四十一。

术曰:如方程①。损之曰益,益之曰损。问者之辞虽②?今按:实云上禾七秉,下禾二秉,实一十一斗;上禾二秉,下禾八秉,实九斗也。"损之曰益",言损一斗,余当一十斗。今欲全其实,当加所损也。"益之曰损",言益实以一斗,乃满一十斗。今欲知本实,当减所加,即得也。损实一斗者,其实过一十斗也;益实一斗者,其实不满一十斗也。重谕损益数者,各以损益之数损益之也。

注释

$$\text{上等禾} \begin{pmatrix} 2 & 7 \\ \text{下等禾} & 8 & 2 \\ \text{实} & 9 & 11 \end{pmatrix}$$

①列出方程为：

②虽：通"谁"，意为"何"。

译文

现有上等禾7捆,它的实减损1斗,增益到下等禾2捆上,得到总实10斗;下等禾8捆,它的实增益1斗,加上等禾2捆,得到总实10斗。问:上、下等禾1捆的实各是多少?

答:上等禾1捆的实是 $1\frac{18}{52}$ 斗,下等禾1捆的实是 $\frac{41}{52}$ 斗。

解法:参照方程法则。减损的量需要在别处增益,增益的量需要在别处减损。(刘徽注:问题是什么意思?实际是说上等禾7捆,下等禾2捆,总实是11斗;上等禾2捆,下等禾8捆,总实是9斗。"减损的量需要在别处增益",是说减损1斗,余数是10斗。现在想要求原先的实,应当加上所减损的。"增益的量需要在别处减损",是说实增益1斗,才满10斗。现在想要求原先的实,应当减去增益的,即可得到。)减损实1斗的,它原本的实超过10斗;增益1斗的,它原本的实不满10斗。(刘徽注:再次说明减损增益的数量,是强调分别减损增益对应的数。)

今有上禾二秉,中禾三秉,下禾四秉,实皆不满斗。上取中、中取下、下取上各一秉而实满斗。问:上、中、下禾实一秉各几何?

答曰:上禾一秉实二十五分斗之九,中禾一秉实二十五分斗之七,下禾一秉实二十五分斗之四。

术曰:如方程[①]。各置所取。置上禾二秉为右行之上,中禾三秉为中行之中,下禾四秉为左行之下,所取一秉及实一斗各从其位。诸行相借取之物皆依此例。以正负术入之。

正负术曰:今两算得失相反,要令正负以名之。正算赤,负算黑,否则以斜正为异。方程自有赤、黑相取,法、实数相推求之术,而其并减之势不得广通,故使赤、黑相消夺之,于算或减或益。同行异位殊为二品,各有并、减之差见于下焉。著此二条,特系之禾以成此二条之意。故赤、黑相杂足以定上下之程,减、益虽殊足以通左右之数,差、实虽分足以应同异之率。然则其正无入以负之,负无入以正之,其率不妄也。同名相除,此谓以赤除赤,以黑除黑,行求相减者,为去头位也。然则头位同名者,当用此条,头位异名者,当用下条。异名相益,益行减行,当各以其类矣。其异名者,非其类也。非其类者,犹无对也,非所得减也。故赤用黑对则除,黑;无对则除,黑;黑用赤对则除,赤;无对则除,赤;赤黑并于本数。此为相益之,皆所以为消夺。消夺之与减益成一实也。术本取要，必除行首。至于他位，不嫌多少，故或令相减，或令相并，理无同异而一也。**正无入负之，负无入正之。**无入，为无对也。无所得减，则使消夺者居位也。其当以列实或减下实，而行中正负杂者亦用此条。此条者，同名减实，异名益实，正无入负之，负无入正之也。**其异名相除，同名相益，正无入正之，负无入负之。**此条"异名相除"为例，故亦与上条互取。凡正负所以记其同异，使二品互相取而已矣。言负者未必负于少，言正者未必正于多。故每一行之中虽复赤黑异算无伤。然则可得使头位常相与异名。此条之实兼通矣，遂以二条返覆一率。观其每与上下互相取位，则随算而言耳，犹一术也。又，本设诸行，欲因成数以相去耳。故其多少无限，令上下相命而已。若以正负相减，如数有旧增法者，每行可均之，不但数物左右之也。

注释

①列出方程为：

$$\begin{array}{c}上等禾\\中等禾\\下等禾\\实\end{array}\begin{pmatrix}1 & 0 & 2\\0 & 3 & 1\\4 & 1 & 0\\1 & 1 & 1\end{pmatrix}。$$

译文

现有上等禾2捆，中等禾3捆，下等禾4捆，它们的实都不满1斗。如果上等禾取中等禾1捆，中等禾取下等禾1捆，下等禾取上等禾1捆，它们的实都可以满1

斗。问：上、中、下等禾 1 捆的实各是多少？

答：上等禾 1 捆的实是 $\frac{9}{25}$ 斗，中等禾 1 捆的实是 $\frac{7}{25}$

斗，下等禾 1 捆的实是 $\frac{4}{25}$ 斗。

解法：如同方程法则。分别列出所取的数。（刘徽注：列出上等禾 2 捆在右行首位，中等禾 3 捆在中行中位，下等禾 4 捆在左行末位，所取数 1 捆和实 1 斗各在其位。各行如果有借取的数都按照此例。）按正负法则求解。

正负法则：（刘徽注：现两个算筹得失相反，用正负来表示。正算筹为红，负算筹为黑，另外也可以用斜正来区别。方程有红、黑算筹相取，除数、被除数相推求的法则。而相加减的态势不能相通，所以使红、黑算筹相消转化，计算中有时是减法，有时是加法。它们在同一行不同的位置，即为不同种的物品，分别有加、减，计算结果列于下方。著这二条法则，特意用禾为例来阐述法则的意义。所以红、黑算筹相混杂却足以确定上下的比较，减、加方法虽然不同却足以使左右之数相通，差、实虽然有分别却足以应对正负不同的率。那么空减去正数结果为负数，空减去负数结果为正数，计算方法不会错。）同号的两数相减，则算筹相减，（刘徽注：这就是红算筹减去红算筹，黑算筹减去黑算筹，两行相减的原因，是为了消去首项。那么首项同号的情况，应当用这条，首项异号的情况，应当用下条。）异号的两数相减，则算筹相加，（刘徽注：两行相加或相减,应当分别根据它们的情况。两个数异号,就不是同类。不是同类,犹如没有对应的数,就不可以相减。所以红算筹用黑算筹作对应的数,余数取黑算筹;没有对应的数,余数也取黑算筹;黑算筹用红算筹作对应的数,余数取红算筹;没有对应的数,余数也取红算筹;红黑算筹相加用原本算筹的颜色表示。这就是相加,都是为了相消转化。相消转化与加减运算成为实。法则的根本是取要点,先消去行首项。至于其他位,不论多少,所以有时相减,有时相加,道理皆相同。)空减去正数结果为负数,空减去负数结果为正数。(刘徽注:无入,就是没有对应的数。没有所被减的数,就令减数处于这个位置。应当以下方的实减去列实,而一行中正负号混杂的情况也用这条处理。这条,就是同号减实,异号加实,空减去正数得负数,空减去负数得正数。)异号的两数相加,则算筹相减,同号的两数相加,则算筹相加,空加上正数结果为正数,空加上负数结果为负数。(刘徽注:这条以"异号的两数相加,则算筹相减"为例,所以也与上条可以互相转化。凡是正负记它们同号异号,为了使它们互相转化。负数的算筹未必少,正数的算筹未必多。所以每行中即使红、黑算筹反复变化符号也不会有影响。那么可以令首项取不同的符号。这条就可以与另一条相通,于是二条为反复是一种算法。观察它们每与上下互相取的符号,是根据运算得出的,犹如法则。又设各行,想要根据已知的数相消。所以无论行数有多少,令上下位相除。如果用正负数相减,如数中有原先的除数的叠加,则每行可以自行消减,不仅仅是左右行的数相消。)

今有上禾五秉,损实一斗一升,当下禾七秉;上禾七秉,损实二斗五升,当下禾五秉。问:上、下禾实一秉各几何?

答曰:上禾一秉五升,下禾一秉二升。

术曰:如方程[①]。置上禾五秉正,下禾七秉负,损实一斗一升正。言上禾五秉之实多,减其一斗一升,余,是与下禾七秉相当数也。故互其算,令相折除,以一斗一升为差。为差者,上禾之余实也。次置上禾七秉正,下禾五秉负,损实二斗五升正。以正负术入之。按:正负之术,本设列行,物程之数不限多少,必令与实上、下相次,而以每行各自为率。然而或减或益,同行异位,殊为二品,各自并、减,之差见于下也。

今有上禾六秉,损实一斗八升,当下禾一十秉;下禾一十五秉,损实五升,当上禾五秉。问:上、下禾实一秉各几何?

答曰:上禾一秉实八升,下禾一秉实三升。

术曰:如方程[②]。置上禾六秉正,下禾一十秉负,损实一斗八升正。次,上禾五秉负,下禾一十五秉正,损实五升正。以正负术入之。言上禾六秉之实多，减损其一斗八升，余，是与下禾十秉相当之数。故亦互其算，而以一斗八升为差实。差实者，上禾之余实。

今有上禾三秉，益实六斗，当下禾一十秉；下禾五秉，益实一斗，当上禾二秉。问：上、下禾实一秉各几何？

答曰：上禾一秉实八斗，下禾一秉实三斗。

术曰：如方程③。置上禾三秉正，下禾一十秉负，益实六斗负。次置上禾二秉负，下禾五秉正，益实一斗负。以正负术入之。言上禾三秉之实少，益其六斗，然后于下禾十秉相当也。故亦互其算，而以六斗为差实。差实者，下禾之余实。

注释

①列出方程为：

$$\begin{array}{c}\text{上等禾}\\\text{下等禾}\\\text{实}\end{array}\left(\begin{array}{cc} 7 & 5 \\ -5 & -7 \\ 25 & 11 \end{array}\right)。$$

②列出方程为：

$$\begin{array}{c}\text{上等禾}\\\text{下等禾}\\\text{实}\end{array}\left(\begin{array}{cc} -5 & 6 \\ 15 & -10 \\ 5 & 18 \end{array}\right)。$$

③列出方程为：

$$\begin{array}{c}\text{上等禾}\\\text{下等禾}\\\text{实}\end{array}\left(\begin{array}{cc} -2 & 3 \\ 5 & -10 \\ -1 & -6 \end{array}\right)。$$

译文

现有上等禾5捆,它的实减损1斗1升,相当于下等禾7捆;上等禾7捆,它的实减损2斗5升,相当于下等禾5捆。问:上、下等禾1捆的实各是多少?

答:上等禾1捆的实是5升,下等禾1捆的实是2升。

解法:如同方程法则。列出上等禾5捆,正数,下等禾7捆,负数,减损的实是1斗1升,正数。(刘徽注:这里说上等禾5捆的实多,减去1斗1升,余数,是与下等禾7捆相当的数。所以互换算数,使它们可以相消,以1斗1升作为差。这里的差,就是上等禾的剩余的实。)再列出上等禾7捆,正数,下等禾5捆,负数,减损的实是2斗5升,正数。用正负法则解答。(刘徽注:正负法则,本来设置了列和行,物品数不限数量,但必须与实上下排列,每行各自为率。然而有时相减有时相加,同行不同位置表示不同的物品,各自加、减,它们的差列于下方。)

现有上等禾6捆,它的实减损1斗8升,相当于下等禾10捆;下等禾15捆,它的实减损5升,相当于上等禾5捆。问:上、下等禾1捆的实各是多少?

答:上等禾1捆的实是8升,下等禾1捆的实是3升。

解法:如同方程法则。列出上等禾6捆,正数,下等禾10捆,负数,减损的实是1斗8升,正数。再列出上等禾5捆,负数,下等禾15捆,正数,减损的实是5升,正数。用正负法则解答。(刘徽注:这里说上等禾6捆的实多,减损1斗8升,余数,是与下等禾10捆相当的数。所以互换算数,而以1斗8升作为差实。差实就是上等禾的剩余的实。)

现有上等禾3捆,它的实增益6斗,相当于下等禾10捆;下等禾5捆,它的实增益1斗,相当于上等禾2捆。问:上、下等禾1捆的实各是多少?

答:上等禾1捆的实是8斗,下等禾1捆的实是3斗。

解法:如同方程法则。列出上等禾3捆,正数,下等禾10捆,负数,增益的实是6斗,负数。再列出上等禾2捆,负数,下等禾5捆,正数,增益的实是1斗,负数。用正负法则解答。(刘徽注:这里说上等禾3捆的实少,增加6斗,得到与下等禾10捆相当的数。所以互换算数,而以6斗作为差实。差实就是下等禾的剩余的实。)

今有牛五,羊二,直金十两;牛二,羊五,直金八两。问:牛、羊各直金几何?

答曰:牛一直金一两二十一分两之一十三,羊一直金二十一分两之二十。

术曰:如方程①。假令为同齐,头位为牛,当相乘。右行定,更置牛十,羊四,直金二十两;左行牛十,羊二十五,直金四十两。牛数等同,金多二十两者,羊差二十一使之然也。以少行减多行,则牛数尽,惟羊与直金之数见，可得而知也。以小推大，虽四、五行不异也。

①列出方程为：
$$
\begin{array}{l}
牛 \\
羊 \\
金
\end{array}
\begin{pmatrix}
2 & 5 \\
5 & 2 \\
8 & 10
\end{pmatrix}
。
$$

译文

现有牛5头，羊2只，价值金10两；牛2头，羊5只，价值金8两。问：牛、羊各价值金多少两？

答：牛1头价值金 $1\frac{13}{21}$ 两，羊1只价值金 $\frac{20}{21}$ 两。

解法：如同方程法则。（刘徽注：假令运用齐同法则，两行的首项为牛，应当互乘。于是右行确定，又列出牛10，羊4，值金20两；左行牛10，羊25，值金40两。牛数相等，金多20两的原因，是羊多了21只。用数值多的行减去数值少的行，则牛数被减尽，只剩下羊数和金数，由此可以得知羊值的金数。以少推多，即使是四、行也不会有什么差异。）

今有卖牛二、羊五，以买一十三豕，有余钱一千；卖牛三、豕三，以买九羊，钱适足；卖六羊、八豕，以买五牛，钱不足六百。问：牛、羊、豕价各几何？

答曰：牛价一千二百，羊价五百，豕价三百。

术曰：如方程[①]。置牛二、羊五正，豕一十三负，余钱数正；次，牛三正，羊九负，豕三正；次，五牛负，六羊正，八豕正，不足钱负。以正负术人之。此中行买、卖相折，钱适足，故但互买卖算而已。故下无钱直也。设欲以此行如方程法，先令二牛遍乘中行，而以右行直除之。是故终于下实虚缺矣。故注曰"正无实负，负无实正"，方为类也。方将以别实加适足之数与实物作实。盈不足章黄金白银与此相当。"假令黄金九，白银一十一，称之重适等。交易其一，金轻十三两。问：金、银一枚各重几何？"与此同。

注释

①列出方程为：

牛 $\begin{pmatrix} -5 & 3 & 2 \\ 6 & -9 & 5 \\ 8 & 3 & 13 \\ -600 & 0 & 1000 \end{pmatrix}$

羊
猪
余钱

译文

现卖牛2头、羊5只，买猪13头，余下1 000钱；卖牛3头、猪3头，买羊9只，钱正好足够；卖羊6只、猪8头，买牛5头，不足600钱。问：牛、羊、猪各多少钱？

答：牛价格1 200，羊价格500，猪价格300。

解法：如同方程法则。列出牛2、羊5，正数，猪13，负数,余钱正数;再列出牛3,正数,羊9,负数,猪3,正数;再列出牛5,负数,羊6,正数,猪8,正数,不足钱负数。用正负法则。(刘徽注:这里中行的买、卖相抵,钱正好足够,所以只互换买卖钱数就可。则下方没有钱数。要想设这行如同法则,先令牛2遍乘中行,再减去右行。这时下方出现虚缺。所以注说"空减去正数得负数,空减去负数得正数",解决了这类问题。用别行的实加适足的数,用实物作实。盈不足章里黄金白银的问题与此题相似。"假令黄金9枚,白银11枚,称它们的重量相等。交换1枚,金的重量轻13两。问:金、银1枚各重多少?"与此题同理。)

今有五雀六燕,集称之衡,雀俱重,燕俱轻。一雀一燕交而处,衡适平。并雀、燕重一斤。问:雀、燕一枚各重几何?

答曰:雀重一两一十九分两之一十三,燕重一两一十九分两之五。

术曰:如方程①。交易质之,各重八两。此四雀一燕与一雀五燕衡适平,并重一斤,故各八两。列两行程数。左行头位其数有一者,令右行遍除。亦可令于左行而取其法、实于左。左行数多,以右行取其数。左头位减尽,中、下位算当燕与实。右行不动,左上空。中法,下实,即每枚当重宜可知也。按:此四雀一燕与一雀五燕其重等,是三雀四燕重相当。雀率重四,燕率重三也。诸再程之率皆可异术求也,即其数也。

注释

①列出方程为:
$$\begin{array}{c} \text{麻雀} \\ \text{燕子} \\ \text{重量} \end{array} \begin{pmatrix} 1 & 4 \\ 5 & 1 \\ 8 & 8 \end{pmatrix}。$$

译文

现有 5 只麻雀,6 只燕子,集合起来用衡称量,麻雀总体较重,燕子总体较轻。1 只麻雀和 1 只燕子交换,衡正好平。麻雀和燕子的重量相加正好 1 斤。问:麻雀、燕子 1 只各重多少?

答:麻雀重 $1\frac{13}{19}$ 两,燕子 $1\frac{5}{19}$ 两。

解法:如同方程法则。交换后称量,麻雀、燕子各重 8 两。(刘徽注:这里 4 只麻雀、1 只燕子与 1 只麻雀、5 只燕子重量相等,共重 1 斤,所以各 8 两。列出两行方程数。左行首项数为 1,使右行减去左行。也可以令左行与右行对减后,取法、实在左行。左行数值大,就以左行减去右行。左行首项减尽,中、下位应当是燕子数和实。右行不动,左行上位空。中位作为除数,下位作为被除数,即每只燕子的重量可知。4 只麻雀、1 只燕子与 1 只麻雀、5 只燕子重量相等,即 3 只麻雀、4 只燕子重量相当。麻雀重率4,燕子重率3。求多种率都可以用特定方法求解,得到数值。)

今有甲、乙二人持钱不知其数。甲得乙半而钱五十,乙得甲太半而亦钱五十。问:甲、乙持钱各几何?

答曰:甲持三十七钱半,乙持二十五钱。

术曰:如方程①。损益之。此问者言一甲、半乙而五十,太半甲、一乙亦五十也。各以分母乘其全,纳子。行定:二甲、一乙而钱一百;二甲、三乙而钱一百五十。于是乃如方程。诸物有分者放此。

今有二马、一牛价过一万,如半马之价;一马、二牛价不满一万,如半牛之价。问:牛、马价各几何?

答曰:马价五千四百五十四钱一十一分钱之六,牛价一千八百一十八钱一十一分钱之二。

术曰:如方程②。损益之。此一马半与一牛价直一万也,二牛半与一马亦直一万也。"一马半与一牛直钱一万",通分纳子,右行为三马、二牛,直钱二万。"二牛半与一马直钱一万",通分纳子,左行为二马、五牛,直钱二万也。

注释

① 列出方程为：
$$\begin{matrix} 甲 \\ 乙 \\ 总钱 \end{matrix} \begin{pmatrix} \dfrac{2}{3} & 1 \\ 1 & \dfrac{1}{2} \\ 50 & 50 \end{pmatrix}。$$

② 列出方程为：
$$\begin{matrix} 马 \\ 牛 \\ 钱 \end{matrix} \begin{pmatrix} 1 & 2-\dfrac{1}{2} \\ 2+\dfrac{1}{2} & 1 \\ 10000 & 10000 \end{pmatrix}。$$

译文

现甲、乙二人带钱但不知道具体是多少。如果甲得到乙的 $\dfrac{1}{2}$，则总共 50 钱，如果乙得到甲的 $\dfrac{2}{3}$，也总共 50 钱。问：甲、乙各带钱多少？

答：甲带 $37\dfrac{1}{2}$ 钱，乙带 25 钱。

解法：如同方程法则。做减损增益处理。（刘徽注：题目说甲钱加 $\dfrac{1}{2}$ 乙钱得 50 钱；$\dfrac{2}{3}$ 甲钱加乙钱也得 50 钱。分别用分母乘整数部分，并入分子。确定行内数值：2 甲，1 乙共有 100 钱；2 甲、3 乙共有 150 钱。于是用方程法则求解。物品有分数的情况都仿照此题。)

现有 2 匹马、1 头牛价值超过 10 000,超出的部分如

马价值的 $\frac{1}{2}$;1 匹马、2 头牛价值不满 10 000,不满的部分

如牛价值的 $\frac{1}{2}$。问:牛、马价值各是多少?

答:马价值 5 454 $\frac{6}{11}$ 钱,牛价值 1 818 $\frac{2}{11}$ 钱。

解法:如同方程法则。做减损增益处理。(刘徽注:

这里 1 $\frac{1}{2}$ 匹马和 1 头牛的总共价值 10 000 钱。2 $\frac{1}{2}$ 头牛

和 1 匹马的总共价值也是 10 000 钱。"1 $\frac{1}{2}$ 匹马和 1 头

牛的总共价值 10 000 钱",通分纳入分子,右行是:3 马、2

牛、值 20 000 钱。"2 $\frac{1}{2}$ 头牛和 1 匹马的总共价值是

10 000钱",通分纳入分子,左行是:2 马、5 牛、值 20 000

钱。)

今有武马一匹^①,中马二匹,下马三匹,皆载四十
石至坂^②,皆不能上。武马借中马一匹,中马借下马
一匹,下马借武马一匹,乃皆上。问:武、中、下马一匹
各力引几何?

答曰:武马一匹力引二十二石七分石之六,中马一匹力引一十七石七分石之一,下马一匹力引五石七分石之五。

术曰:如方程③。各置所借,以正负术入之。

注释

①武马:上等马。

②坂:山坡。

③列出方程为:

$$
\begin{array}{l}
上等马 \\
中等马 \\
下等马 \\
拉力
\end{array}
\begin{pmatrix}
1 & 0 & 1 \\
0 & 2 & 1 \\
3 & 1 & 0 \\
40 & 40 & 40
\end{pmatrix}。
$$

译文

现有上等马 1 匹,中等马 2 匹,下等马 3 匹,都载物 40 石至山坡,都不能上。上等马借中等马 1 匹,中等马借下等马 1 匹,下等马借上等马 1 匹,都能上。问:上、中、下等马 1 匹的力量各能拉多重的物品?

答:上等马 1 匹能拉 $22\frac{6}{7}$ 石,中等马 1 匹能拉 $17\frac{1}{7}$ 石,下等马 1 匹能拉 $5\frac{5}{7}$ 石。

解法:如同方程法则。分别列出所借的马,用正负法则计算。

今有五家共井,甲二绠不足^①,如乙一绠;乙三绠不足,以丙一绠;丙四绠不足,以丁一绠;丁五绠不足,以戊一绠;戊六绠不足,以甲一绠。如各得所不足一绠,皆逮^②。问:井深、绠长各几何?

答曰:井深七丈二尺一寸,甲绠长二丈六尺五寸,乙绠长一丈九尺一寸,丙绠长一丈四尺八寸,丁绠长一丈二尺九寸,戊绠长七尺六寸。

术曰:如方程^③。以正负术入之。此率初如方程为之,名各一逮井。其后,法得七百二十一,实七十六,是为七百二十一绠而七十六逮井,并用逮之数。以法除实者,而戊一绠逮井之数定,逮七百二十一分之七十六。是故七百二十一为井深,七十六为戊绠之长,举率以言之。

注释

①绠:汲水用的绳子。

②逮dài:到,及。

③列出方程为：

$$
\begin{array}{l}
甲 \\
乙 \\
丙 \\
丁 \\
戊 \\
井深
\end{array}
\left(
\begin{array}{ccccc}
1 & 0 & 0 & 0 & 2 \\
0 & 0 & 0 & 3 & 1 \\
0 & 0 & 4 & 1 & 0 \\
0 & 5 & 1 & 0 & 0 \\
6 & 1 & 0 & 0 & 0 \\
1 & 1 & 1 & 1 & 1
\end{array}
\right)。
$$

译文

现五家共用一口井,甲家的 2 根汲水绳连起来不足井的深度,但和乙家的汲水绳一样长;乙家的 3 根汲水绳连起来不足井的深度,但和丙家的汲水绳一样长;丙家的 4 根汲水绳连起来不足井的深度,但和丁家的汲水绳一样长;丁家的 5 根汲水绳连起来不足井的深度,但和戊家的汲水绳一样长;戊家的 6 根汲水绳连起来不足井的深度,但和甲家的汲水绳一样长。如果每家取得各自不足的那部分汲水绳,连起来都可达到井的深度。问:井深和各家的汲水绳长度是多少?

答:井深7丈2尺1寸,甲家绳长2丈6尺5寸,乙家绳长1丈9尺1寸,丙家绳长1丈4尺8寸,丁家绳长1丈2尺9寸,戊家绳长7尺6寸。

解法:如同方程法则。运用正负法则。(刘徽注:首先按照分别达到井的深度列出方程。然后得出除数721,被除数76,即721根戊家的汲水绳达到76口井的深

度,这是使 76 口井的深度相加。用被除数除以除数,得

到戊家汲水绳的长度,达到了井深度的$\frac{76}{721}$。所以 721 为

井深,76 为戊家的汲水绳长度,这是用率来表示。)

今有白禾二步,青禾三步,黄禾四步,黑禾五步,实各不满斗。白取青、黄,青取黄、黑,黄取黑、白,黑取白、青,各一步,而实满斗。问:白、青、黄、黑禾实一步各几何?

答曰:白禾一步实一百一十一分斗之三十三,青禾一步实一百一十一分斗之二十八,黄禾一步实一百一十一分斗之一十七,黑禾一步实一百一十一分斗之一十。

术曰:如方程①。各置所取,以正负术入之。

今有甲禾二秉,乙禾三秉,丙禾四秉,重皆过于石。甲二重如乙一,乙三重如丙一,丙四重如甲一。问:甲、乙、丙禾一秉各重几何?

答曰:甲禾一秉重二十三分石之一十七,乙禾一秉重二十三分石之一十一,丙禾一秉重二十三分石之一十。

术曰:如方程②。置重过于石之物为负。此问者言

305

甲禾二秉之重过于一石也。其过者何云？如乙一秉重矣。互其算，令相折除，而一以石为之差实。差实者，如甲禾余实。故置算相与同也。以正负术入之。此入，头位异名相除者，正无入正之，负无入负之也。

今有令一人③，吏五人，从者一十人，食鸡一十；令一十人，吏一人，从者五人，食鸡八；令五人，吏一十人，从者一人，食鸡六。问：令、吏、从者食鸡各几何？

答曰：令一人食一百二十二分鸡之四十五，吏一人食一百二十二分鸡之四十一，从者一人食一百二十二分鸡之九十七。

术曰：如方程④。以正负术入之。

今有五羊，四犬，三鸡，二兔，直钱一千四百九十六；四羊，二犬，六鸡，三兔，直钱一千一百七十五；三羊，一犬，七鸡，五兔，直钱九百五十八；二羊，三犬，五鸡，一兔，直钱八百六十一。问：羊、犬、鸡、兔价各几何？

答曰：羊价一百七十七，犬价一百二十一，鸡价二十三，兔价二十九。

术曰：如方程⑤。以正负术入之。

注释

①列出方程为：
$$\begin{array}{l}白禾\\青禾\\黄禾\\黑禾\\实\end{array}\begin{pmatrix}2 & 0 & 1 & 1\\1 & 3 & 0 & 1\\1 & 1 & 4 & 0\\0 & 1 & 1 & 5\\1 & 1 & 1 & 1\end{pmatrix}。$$

②列出方程为：
$$\begin{array}{l}甲等禾\\乙等禾\\丙等禾\\实\end{array}\begin{pmatrix}-1 & 0 & 2\\0 & 3 & -1\\4 & -1 & 0\\1 & 1 & 1\end{pmatrix}。$$

③令：县令。

④列出方程为：
$$\begin{array}{l}县令\\官吏\\随从\\吃鸡\end{array}\begin{pmatrix}5 & 10 & 1\\10 & 1 & 5\\1 & 5 & 10\\6 & 8 & 10\end{pmatrix}。$$

⑤列出方程为：
$$\begin{array}{l}羊\\狗\\鸡\\兔\\钱\end{array}\begin{pmatrix}2 & 3 & 4 & 5\\3 & 1 & 2 & 4\\5 & 7 & 6 & 3\\1 & 5 & 3 & 2\\861 & 958 & 1175 & 1496\end{pmatrix}。$$

译文

现有白禾 2 步,青禾 3 步,黄禾 4 步,黑禾 5 步,它们的实都不满 1 斗。白禾取青禾、黄禾各 1 步,青禾取黄禾、黑禾各 1 步,黄禾取黑禾、白禾各 1 步,黑禾取白禾、青禾各 1 步,它们的实都满 1 斗。问:白、青、黄、黑禾 1 步的实各是多少?

答:白禾$\frac{33}{111}$斗,青禾$\frac{28}{111}$斗,黄禾$\frac{17}{111}$斗,黑禾$\frac{10}{111}$斗。

解法:如同方程法则。分别列出所取的数。用正负法则求解。

现有甲等禾 2 捆,乙等禾 3 捆,丙等禾 4 捆,它们的重量都超过 1 石。2 捆甲等禾超过 1 石的重量和 1 捆乙等禾的重量相等,3 捆乙等禾超过 1 石的重量和 1 捆丙等禾的重量相等,4 捆丙等禾超过 1 石的重量和 1 捆甲等禾的重量相等。问:甲、乙、丙等禾 1 捆各重多少?

答:甲等禾 1 捆重$\frac{17}{23}$石,乙等禾 1 捆重$\frac{11}{23}$石,丙等禾 1

捆重$\frac{10}{23}$石。

解法:如同方程法则。列出重量超过 1 石的物品为负数。(刘徽注:本题说 2 捆甲等禾超过 1 石。超过了多少?和 1 捆乙等禾的重量相等。互换算数,互相抵消,以 1 石作为差实。差实,同甲等禾余下的实。所以列出的算数相同。)运用正负法则。(刘徽注:在这里纳入,首项异号数值相减,正数加空得到正数,负数加空得到负数。)

现有县令1人,官吏5人,随从10人,共吃鸡10只;县令10人,官吏1人,随从5人,共吃鸡8只;县令5人,官吏10人,随从1人,共吃鸡6只。问:县令、官吏、随从各吃鸡多少?

答:县令1人吃鸡$\frac{45}{122}$只,官吏1人吃鸡$\frac{41}{122}$只,随从1人吃鸡$\frac{97}{122}$只。

解法:如同方程法则。运用正负法则解答。

现有羊5只,狗4条,鸡3只,兔2只,价值1 496钱;羊4只,狗2条,鸡6只,兔3只,价值1 175钱;羊3只,狗1条,鸡7只,兔5只,价值958钱;羊2只,狗3条,鸡5只,兔1只,价值861钱。问:羊、狗、鸡、兔各价值多少钱?

答:羊1只价值177钱,狗1条价值121钱,鸡1只价值23钱,兔1只价值29钱。

解法:如同方程法则。运用正负法则解答。

今有麻九斗、麦七斗、菽三斗、荅二斗、黍五斗①,直钱一百四十;麻七斗、麦六斗、菽四斗、荅五斗、黍三斗,直钱一百二十八;麻三斗、麦五斗、菽七斗、荅六斗、黍四斗，直钱一百一十六；麻二斗、麦五斗、菽三斗、苔九斗、黍四斗，直钱一百一十二；麻一斗、麦三斗、菽二斗、苔八斗、黍五斗，直钱九十五。问：一斗直几何？

答曰：麻一斗七钱，麦一斗四钱，菽一斗三钱，苔一斗五钱，黍一斗六钱。

术曰：如方程。以正负术入之。此麻麦与均输、少广之章重衰、积分皆为大事。其拙于精理徒按本术者，或用算而布毡，方好烦而喜误，曾不知其非，反欲以多为贵。故其算也，莫不暗于设通而专于一端。至于此类，苟务其成，然或失之，不可谓要约。更有异术者，庖丁解牛，游刃理间，故能历久其刃如新。夫数，犹刃也，易简用之则动中庖丁之理。故能和神爱刃，速而寡尤。凡《九章》为大事，按法皆不尽一百算也。虽布算不多，然足以算多。世人多以方程为难，或尽布算之象在缀正负而已，未暇以论其设动无方，斯胶柱调瑟之类②。聊复恢演，为作新术，著之于此，将亦启导疑意。网罗道精，岂传之空言？记其施用之例，著策之数，每举一隅焉。

注释

①黍：一年生草本植物，叶线形，子实淡黄色，去皮后称黄米，比小米稍大，煮熟后有黏性。

②瑟：古代一种弹拨乐器。用胶粘住瑟上用以调音的短木，就不能再调整音的高低缓急。比喻拘泥死板，缺少变通。

译文

现有芝麻 9 斗、麦 7 斗、大豆 3 斗、小豆 2 斗、黄米 5 斗,价值 140 钱;芝麻 7 斗、麦 6 斗、大豆 4 斗、小豆 5 斗、黄米 3 斗,价值 128 钱;芝麻 3 斗、麦 5 斗、大豆 7 斗、小豆 6 斗、黄米 4 斗,价值 116 钱;芝麻 2 斗、麦 5 斗、大豆 3 斗、小豆 9 斗、黄米 4 斗,价值 112 钱;芝麻 1 斗、麦 3 斗、大豆 2 斗、小豆 8 斗、黄米 5 斗,价值 95 钱。问:它们 1 斗各值多少?

答:芝麻 1 斗值 7 钱,麦 1 斗值 4 钱,大豆 1 斗值 3 钱,小豆 1 斗值 5 钱,黄米 1 斗值 6 钱。

解法:如同方程法则。运用正负法则解答。(刘徽注:本题与均输、少广章的重衰法则、积分法则都是重要问题。那些对数理不精通只会按法则解题的人,有时布置毡毯来列算筹,计算烦琐容易出现失误,却不知这样不好,反而以作复杂计算为珍贵。所以,算法无不是暗中通达却专于某一类型的。对于一些问题,想要成功解答却造成失误,就是没有得到要领。如果有另一种解法,如庖丁解牛,刀刃在肌理间穿过,刀刃历久弥新。解决数学问题,犹如使用刀刃,本着简用原则符合庖丁解牛的道理。所以能正确自如地使用刀刃,则速度快且失误少。凡是《九章算术》中的重要问题,按照方法计算不会超过 100 个步骤。计算步骤不多,但足以计算复杂问题。世人普遍认为解方程很难,有人认为这只是在布列缀有正负号的算筹,没有时间去考察它的无限变换。这些都是拘泥呆板,缺少变通的表现。我稍作演算,建立新的法则,将它们记录下来,为了启发疑惑。寻求数理的精华,怎么可以只是空言?记录法则施用的例子,运算的数值,这些仅是实际运用中的一种情况而已。)

方程新术曰:以正负术入之。令左、右相减,先去下实,又转去物位,则其求一行二物正负相借者,是其相当之率。又令二物与他行互相去取,转其二物相借之数,即皆相当之率也。各据二物相当之率,对易其数,即各当之率也。更置成行及其下实,各以其物本率今有之,求其所同。并,以为法。其当相并而行中正负杂者,同名相从,异名相消,余,以为法。以下置为实。实如法,即合所问也。一物各以本率今有之,即皆合所问也。率不通者,齐之。

译文

方程新法则:运用正负法则解答。令左、右行相减,先消去下方的实,再消去一些位上的物品,则取得一行中2种物品为正负号不同的数,求得相当的率。又令2种物品与其他行互相取值,求得其他行的相当的率。分别根据2种物品的相当的率,交换位置,即为各自分别对应的率。重新列出行及下方的实,分别以它们各自的率用今有法则，求出它们同为某一种物品时的数。相加，作为除数。其中应当相加而行中正负数混杂的情况，同号相加，异号相减，余数作为除数。以下方列出的数作为被除数，被除数除以除数，所得即为一种物品的价格。每种物品分别用各自的率和今有法则计算，可以得到它们的价格。如果率中间不通达，就使它们相齐。

其一术曰：置群物通率为列衰。更置成行群物之数，各以其率乘之，并以为法。其当相并而行中正负杂者，同名相从，异名相消，余为法。以成行下实乘列衰，各自为实。实如法而一，即得。

译文

另一法则：列出每种物品的率作为列衰，再列出成行的每种物品数，分别乘以它们各自的率，所得数值相加，作为除数。其中应当相加而行中正负数混杂的情况，同号相加，异号相减，余数作为除数。以行下方的实分别乘列衰，作为被除数。被除数除以除数，即可解答。

以旧术为之[①]，凡应置五行。今欲要约。先置第三行，减以第四行，又减第五行；次置第二行，以第二行减第一行，又减第四行，去其头位；余，可半；次置右行及第二行，去其头位；次以右行去第四行头位，次以左行去第二行头位，次以第五行去第一行头位；次以第二行去第四行头位;余,可半;以右行去第二行头位,以第二行去第四行头位。余,约之为法、实。实如法而一,得六,即有黍价。以法治第二行,得荅价,右行得菽价,左行得麦价,第三行麻价。如此凡用七十七算。

注释

①按照原先的方程法则,计算过程如下:

$$
\begin{array}{c}
芝麻 \\
麦 \\
大豆 \\
小豆 \\
黄米 \\
钱
\end{array}
\left(
\begin{array}{ccccc}
1 & 2 & 3 & 7 & 9 \\
3 & 5 & 5 & 6 & 7 \\
2 & 3 & 7 & 4 & 3 \\
8 & 9 & 6 & 5 & 2 \\
5 & 4 & 4 & 3 & 5 \\
95 & 112 & 116 & 128 & 140
\end{array}
\right)
\xrightarrow{\text{第3行－第4行}}
$$

$$
\left(
\begin{array}{ccccc}
1 & 2 & 1 & 7 & 9 \\
3 & 5 & 0 & 6 & 7 \\
2 & 3 & 4 & 4 & 3 \\
8 & 9 & -3 & 5 & 2 \\
5 & 4 & 0 & 3 & 5 \\
95 & 112 & 4 & 128 & 140
\end{array}
\right)
\xrightarrow{\text{第5行－第3行}}
$$

$$
\left(
\begin{array}{ccccc}
0 & 2 & 1 & 7 & 9 \\
3 & 5 & 0 & 6 & 7 \\
-2 & 3 & 4 & 4 & 3 \\
11 & 9 & -3 & 5 & 2 \\
5 & 4 & 0 & 3 & 5 \\
91 & 112 & 4 & 128 & 140
\end{array}
\right)
\xrightarrow{\text{第1行－第2行}}
$$

$$\begin{pmatrix} 0 & 2 & 1 & 7 & 2 \\ 3 & 5 & 0 & 6 & 1 \\ -2 & 3 & 4 & 4 & -1 \\ 11 & 9 & -3 & 5 & -3 \\ 5 & 4 & 0 & 3 & 2 \\ 91 & 112 & 4 & 128 & 12 \end{pmatrix}$$

第 4 行 – 第 1 行
第 4 行整行取半 $\longrightarrow$

$$\begin{pmatrix} 0 & 0 & 1 & 7 & 2 \\ 3 & 2 & 0 & 6 & 1 \\ -2 & 2 & 4 & 4 & -1 \\ 11 & 6 & -3 & 5 & -3 \\ 5 & 1 & 0 & 3 & 2 \\ 91 & 50 & 4 & 128 & 12 \end{pmatrix}$$

第 1 行 – 第 3 行 ×2
第 2 行 – 第 3 行 ×7 $\longrightarrow$

$$\begin{pmatrix} 0 & 0 & 1 & 0 & 0 \\ 3 & 2 & 0 & 6 & 1 \\ -2 & 2 & 4 & -24 & -9 \\ 11 & 6 & -3 & 26 & 3 \\ 5 & 1 & 0 & 3 & 2 \\ 91 & 50 & 4 & 100 & 4 \end{pmatrix}$$

第 4 行 – 第 1 行 ×2
第 2 行 – 第 5 行 ×2 $\longrightarrow$

$$\begin{pmatrix} 0 & 0 & 1 & 0 & 0 \\ 3 & 0 & 0 & 0 & 1 \\ -2 & 20 & 4 & -20 & -9 \\ 11 & 0 & -3 & 4 & 3 \\ 5 & -3 & 0 & -7 & 2 \\ 91 & 42 & 4 & -82 & 4 \end{pmatrix}$$

第 1 行 ×3 – 第 5 行
第 4 行 + 第 2 行 $\longrightarrow$
第 4 行整行取半

$$\begin{pmatrix} 0 & 0 & 1 & 0 & 0 \\ 3 & 0 & 0 & 0 & 0 \\ -2 & 0 & 4 & -20 & -25 \\ 11 & 2 & -3 & 4 & -2 \\ 5 & -5 & 0 & -7 & 1 \\ 91 & -20 & 4 & -82 & -79 \end{pmatrix}$$

第 2 行 ×25 –
第 1 行 ×20 →

$$\begin{pmatrix} 0 & 0 & 1 & 0 & 0 \\ 3 & 0 & 0 & 0 & 0 \\ -2 & 0 & 4 & 0 & -25 \\ 11 & 2 & -3 & 28 & -2 \\ 5 & -5 & 0 & -39 & 1 \\ 91 & -20 & 4 & -94 & -79 \end{pmatrix}$$

第 4 行 ×28 –
第 2 行 ×2 →

$$\begin{pmatrix} 0 & 0 & 1 & 0 & 0 \\ 3 & 0 & 0 & 0 & 0 \\ -2 & 0 & 4 & 0 & -25 \\ 11 & 0 & -3 & 28 & -2 \\ 5 & -62 & 0 & -39 & 1 \\ 91 & -372 & 4 & -94 & -79 \end{pmatrix}$$

黄米的价格 $= \dfrac{-372}{-62} = 6$ 钱

小豆的价格 $= \dfrac{-94-(-39\times6)}{28} = 5$ 钱

大豆的价格 $= \dfrac{-79-(1\times6)-(-2\times5)}{-25} = 3$ 钱

$$芝麻的价格 = \frac{4 - (-3 \times 5) - (4 \times 3)}{1} = 7 \text{ 钱}$$

$$麦的价格 = \frac{91 - (5 \times 6) - (11 \times 5) - (-2 \times 3)}{3} = 4 \text{ 钱。}$$

译文

用原先的方程法则求解,应该列出5行。想要运算简便,先列出第3行,减去第4行,又减第5行;再列出第2行,以第2行减第1行,又减第4行,消去首项;余下的整行,全部取半;再列出右行和第2行,消去首项;以右行消去第4行首项,再以左行消去第2行首项,再以第5行消去第1行首项;再以第2行消去第4行首项;余下的整行,全部取半;以右行消去第2行首项,以第2行消去第4行首项。余下的整行,约简后分别作为除数、被除数。被除数除以除数,得6,即为黄米的价格。用除数处理第2行,得到小豆的价格;处理右行,得到大豆的价格;处理左行,得到麦的价格;处理第3行,得到芝麻的价格。这样计算下来,共用了77步。

以新术为此[1]:先以第四行减第三行。次以第三行去右行及第二行、第四行下位。又以减左行下位,不足减乃止。次以左行减第三行下位,次以第三行去左行下位。讫,废去第三行。次以第四行去左行下位,又以减右行下位。次以右行去第二行及第四行下位。次以第二行减第四行及左行头位。次以第四行减左行菽位，不足减乃止。次以左行减第二行头位，余，可再半。次以第四行去左行及第二行头位，次以第二行去左行头位。余，约之，上得五，下得三，是菽五当荅三。次以左行去第二行菽位，又以减第四行及右行菽位，不足减乃止。次以右行减第二行头位，不足减乃止。次以第二行去右行头位，次以左行去右行头位。余，上得六，下得五，是为荅六当黍五。次以左行去右行荅位，余，约之，上为二，下为一。次以右行去第二行下位，以第二行去第四行下位，又以减左行下位。次，左行去第二行下位，余，上得三，下得四，是为麦三当菽四。次以第二行减第四行下位。次以第四行去第二行下位。余，上得四，下得七，是为麻四当麦七。是为相当之率举矣。据麻四当麦七，即麻价率七而麦价率四；又麦三当菽四，即为麦价率四而菽价率三；又菽五当荅三，即为菽价率三而荅价率五；又荅六当黍五，即为荅价率五而黍价率六；而率通矣。更置第三行，以第四行减之，余有麻一斗，菽四斗正，荅三斗负，下实四正。求其同为麻之数，以菽率三、荅率五各乘其斗数，如麻率七而一，菽得一斗七分斗之五正，荅得二斗七分斗之一负。则菽、荅化为麻。以并之，令同名相从，异名相消，余得定麻七分斗之四，以为法。置四为实，而分母乘之，实得二十八，而分子化为法矣。以法除得七，即麻一斗之价。置麦率四、菽率三、荅率五、黍率六，皆以麻乘之，各自为实。以麻率七为法。所得即各为价。亦可使置本行实与物同通之，各以本率今有之，求其本率所得。并，以为法。如此，即无正负之异矣，择异同而已。

注释

①按照新的方程法则，计算过程如下：

芝麻 $\begin{pmatrix} 1 & 2 & 3 & 7 & 9 \\ \end{pmatrix}$

麦 $\begin{pmatrix} 3 & 5 & 5 & 6 & 7 \end{pmatrix}$

$$\begin{array}{l}\text{芝麻} \\ \text{麦} \\ \text{大豆} \\ \text{小豆} \\ \text{黄米} \\ \text{钱}\end{array}\begin{pmatrix} 1 & 2 & 3 & 7 & 9 \\ 3 & 5 & 5 & 6 & 7 \\ 2 & 3 & 7 & 4 & 3 \\ 8 & 9 & 6 & 5 & 2 \\ 5 & 4 & 4 & 3 & 5 \\ 95 & 112 & 116 & 128 & 140 \end{pmatrix}$$

第 3 行 – 第 4 行 →

$$\begin{pmatrix} 1 & 2 & 1 & 7 & 9 \\ 3 & 5 & 0 & 6 & 7 \\ 2 & 3 & 4 & 4 & 3 \\ 8 & 9 & -3 & 5 & 2 \\ 5 & 4 & 0 & 3 & 5 \\ 95 & 112 & 4 & 128 & 140 \end{pmatrix}$$

第 2 行 – 第 3 行 ×32
第 4 行 – 第 3 行 ×28
第 1 行 – 第 3 行 ×35
第 5 行 – 第 3 行 ×23 →

$$\begin{pmatrix} -22 & -26 & 1 & -25 & -26 \\ 3 & 5 & 0 & 6 & 7 \\ -90 & -109 & 4 & -124 & -137 \\ 77 & 93 & -3 & 101 & 107 \\ 5 & 4 & 0 & 3 & 5 \\ 3 & 0 & 4 & 0 & 0 \end{pmatrix}$$

第3行–第5行 →

$$\begin{pmatrix} -22 & -26 & 23 & -25 & -26 \\ 3 & 5 & -3 & 6 & 7 \\ -90 & -109 & 94 & -124 & -137 \\ 77 & 93 & -80 & 101 & 107 \\ 5 & 4 & -5 & 3 & 5 \\ 3 & 0 & 1 & 0 & 0 \end{pmatrix}$$

第5行－
第3行×3
废去第3行 →

$$\begin{pmatrix} -91 & -26 & -25 & -26 \\ 12 & 5 & 6 & 7 \\ -372 & -109 & -124 & -28 \\ 317 & 93 & 101 & 107 \\ 20 & 4 & 3 & 5 \\ 0 & 0 & 0 & 0 \end{pmatrix}$$

(原)第5行－
(原)第4行×5
第1行－(原)第4行 →

$$\begin{pmatrix} 39 & -26 & -25 & 0 \\ -13 & 5 & 6 & 2 \\ 173 & -109 & -124 & -28 \\ -148 & 93 & 101 & 14 \\ 0 & 4 & 3 & 1 \\ 0 & 0 & 0 & 0 \end{pmatrix}$$

第2行－第1行×3
(原)第4行－
第1行×4 →

$$\begin{pmatrix} 39 & -26 & -25 & 0 \\ -13 & -3 & 0 & 2 \\ 173 & 3 & -40 & -28 \\ -148 & 37 & 59 & 14 \\ 0 & 0 & 0 & 1 \\ 0 & 0 & 0 & 0 \end{pmatrix}$$

(原)第4行－第2行
(原)第5行＋第2行 →

$$\begin{pmatrix} 14 & -1 & -25 & 0 \\ -13 & -3 & 0 & 2 \\ 133 & 43 & -40 & -28 \\ -89 & -22 & 59 & 14 \\ 0 & 0 & 0 & 1 \\ 0 & 0 & 0 & 0 \end{pmatrix}$$

(原)第5行－(原)第4行×3 →

$$\begin{pmatrix} 17 & -1 & -25 & 0 \\ -4 & -3 & 0 & 2 \\ 4 & 43 & -40 & -28 \\ -23 & -22 & 59 & 14 \\ 0 & 0 & 0 & 1 \\ 0 & 0 & 0 & 0 \end{pmatrix}$$

第2行＋(原)第5行
第2行整行以4约简 →

$$\begin{pmatrix} 17 & -1 & -2 & 0 \\ -4 & -3 & -1 & 2 \\ 4 & 43 & -9 & -28 \\ -23 & -22 & 9 & 14 \\ 0 & 0 & 0 & 1 \\ 0 & 0 & 0 & 0 \end{pmatrix}$$

(原)第5行＋
(原)第4行×17
第2行－(原)第4行×2 →

$$\begin{pmatrix} 0 & -1 & 0 & 0 \\ -55 & -3 & 5 & 2 \\ 735 & 43 & -95 & -28 \\ 397 & -22 & 53 & 14 \\ 0 & 0 & 0 & 1 \\ 0 & 0 & 0 & 0 \end{pmatrix}$$

(原)第5行＋
第2行×11
(原)第5行整
行以62约简 →

321

$$\begin{pmatrix} 0 & -1 & 0 & 0 \\ 0 & -3 & 5 & 2 \\ -5 & 43 & -95 & -28 \\ 3 & -22 & 53 & 14 \\ 0 & 0 & 0 & 1 \\ 0 & 0 & 0 & 0 \end{pmatrix}$$ 第 2 行 – (原) 第 5 行 × 19 →

$$\begin{pmatrix} 0 & -1 & 0 & 0 \\ 0 & -3 & 5 & 2 \\ -5 & 43 & 0 & -28 \\ 3 & -22 & -4 & 14 \\ 0 & 0 & 0 & 1 \\ 0 & 0 & 0 & 0 \end{pmatrix}$$ (原) 第 4 行 + (原) 第 5 行 × 8
第 1 行 – (原) 第 5 行 × 5 →

$$\begin{pmatrix} 0 & -1 & 0 & 0 \\ 0 & -3 & 5 & 2 \\ -5 & 3 & 0 & -3 \\ 3 & 2 & -4 & -1 \\ 0 & 0 & 0 & 1 \\ 0 & 0 & 0 & 0 \end{pmatrix}$$ 第 2 行 – 第 1 行 × 2 →

$$\begin{pmatrix} 0 & -1 & 0 & 0 \\ 0 & -3 & 1 & 2 \\ -5 & 3 & 6 & -3 \\ 3 & 2 & -2 & -1 \\ 0 & 0 & -2 & 1 \\ 0 & 0 & 0 & 0 \end{pmatrix}$$ 第 1 行 – 第 2 行 × 2 →

$$\begin{pmatrix} 0 & -1 & 0 & 0 \\ 0 & -3 & 1 & 0 \\ -5 & 3 & 6 & -15 \\ 3 & 2 & -2 & 3 \\ 0 & 0 & -2 & 5 \\ 0 & 0 & 0 & 0 \end{pmatrix}$$

第 1 行 $-$（原）第 5 行 $\times 3$ $\longrightarrow$

$$\begin{pmatrix} 0 & -1 & 0 & 0 \\ 0 & -3 & 1 & 0 \\ -5 & 3 & 6 & 0 \\ 3 & 2 & -2 & -6 \\ 0 & 0 & -2 & 5 \\ 0 & 0 & 0 & 0 \end{pmatrix}$$

第 1 行 $+$ 第 5 行 $\times 2$
第 1 行整行以 5 约简 $\longrightarrow$

$$\begin{pmatrix} 0 & -1 & 0 & 0 \\ 0 & -3 & 1 & 0 \\ -5 & 3 & 6 & -2 \\ 3 & 2 & -2 & 0 \\ 0 & 0 & -2 & 1 \\ 0 & 0 & 0 & 0 \end{pmatrix}$$

第 2 行 $+$ 第 1 行 $\times 2$ $\longrightarrow$

$$\begin{pmatrix} 0 & -1 & 0 & 0 \\ 0 & -3 & 1 & 0 \\ -5 & 3 & 2 & -2 \\ 3 & 2 & -2 & 0 \\ 0 & 0 & 0 & 1 \\ 0 & 0 & 0 & 0 \end{pmatrix}$$

（原）第 4 行 $+$ 第 2 行
（原）第 5 行 $+$ 第 2 行 $\longrightarrow$

$$\begin{pmatrix} 0 & -1 & 0 & 0 \\ 1 & -2 & 1 & 0 \\ -3 & 5 & 2 & -2 \\ 1 & 0 & -2 & 0 \\ 0 & 0 & 0 & 1 \\ 0 & 0 & 0 & 0 \end{pmatrix} \xrightarrow{\text{第2行} + (\text{原})\text{第5行} \times 2}$$

$$\begin{pmatrix} 0 & -1 & 0 & 0 \\ 1 & -2 & 3 & 0 \\ -3 & 5 & -4 & -2 \\ 1 & 0 & 0 & 0 \\ 0 & 0 & 0 & 1 \\ 0 & 0 & 0 & 0 \end{pmatrix} \xrightarrow{(\text{原})\text{第4行} + \text{第2行}}$$

$$\begin{pmatrix} 0 & -1 & 0 & 0 \\ 1 & 1 & 3 & 0 \\ -3 & 1 & -4 & -2 \\ 1 & 0 & 0 & 0 \\ 0 & 0 & 0 & 1 \\ 0 & 0 & 0 & 0 \end{pmatrix} \xrightarrow{\text{第2行} + (\text{原})\text{第4行} \times 4}$$

$$\begin{pmatrix} 0 & -1 & -4 & 0 \\ 1 & 1 & 7 & 0 \\ -3 & 1 & 0 & -2 \\ 1 & 0 & 0 & 0 \\ 0 & 0 & 0 & 1 \\ 0 & 0 & 0 & 0 \end{pmatrix}。$$

译文

现用新法则计算:先以第4行减第3行。再以第3行消去右行及第2行、第4行的末项。又以第3行减左行末项,直到不足以减才停止。再以左行减第3行末项,以第3行消去左行末项。之后,废去第3行。再以第4行消去左行末项,又以第4行减右行末项。再以右行消去第2行和第4行末项。再以第2行减第4行及左行首项。再以第4行减左行大豆位置,直到不足以减才停止。再以左行减第2行首项,余下整行取半。再以第4行消去左行和第2行首项,再以第2行消去左行首项。余数约简,上方得5,下方得3,也就是大豆5相当于小豆3。再以左行消去第2行大豆位置,又以左行减第4行和右行大豆位置,直到不足以减才停止。再以右行减第2行首项,直到不足以减才停止。再以第2行消去右行首项,再以左行消去右行首项。余数,上方得6,下方得5,也就是小豆6相当于黄米5。再以左行消去右行小豆位置,余数约简,上方得2,下方得1。再以右行消去第2行末项,以第2行消去第4行末项,又以第2行减左行末项。再以左行消去第2行末项,余数,上方得3,下方得4,也就是麦3相当于大豆4。再以第2行减第4行末项。再以第4行消去第2行末项。余数,上方得4,下方得7,也就是芝麻4相当于麦7。到这里,它们的相当的率都列出

了。根据芝麻 4 相当于麦 7,即芝麻价率 7 而麦价率 4;
又麦 3 相当于大豆 4,即麦价率 4 而大豆价率 3;又大豆 5
相当于小豆 3,即大豆价率 3 而小豆价率 5;又小豆 6 相
当于黄米 5,即小豆价率 5 而黄米价率 6;现在它们之间
的率相通了。再列出第 3 行,以第 4 行减第 3 行,余下芝
麻 1 斗,大豆 4 斗,正数;小豆 3 斗,负数,下方实 4,正数。
求它们都折算成芝麻的数,以大豆率 3、小豆率 5 分别乘
它们的斗数,除以芝麻率 7,得大豆 $1\frac{5}{7}$ 斗,正数;小豆

$2\frac{1}{7}$ 斗,负数。则大豆、小豆已经化成芝麻。把它们相

加,令同号相加,异号相减,余下确定芝麻 $\frac{4}{7}$ 斗,作为除

数。列出 4 作为被除数,以分母乘,得 28,分子化为除
数。被除数除以除数,得 7,即芝麻 1 斗的价格。列出麦率 4、
大豆率 3、小豆率 5、黄米率 6,都以芝麻的价格乘,分别作
为被除数。以芝麻率 7 作为除数。计算所得为各自的价
格。也可以列出本行的实和物品斗数并使它们相通,分
别以本率使用今有法则,求本率对应的数。得数相加,作
为除数。这样计算,没有正负数的差异,只是选择它们所
化成的物品罢了。

又可以一术为之:置五行通率,为麻七、麦四、菽三、荅五、黍六,以为列

衰。成行麻一斗,菽四斗正,荅三斗负,各以其率乘之,讫,令同名相从,异名相消,余为法。又置下实乘列衰,所得各为实。此可以置约法,则不复乘列衰,各以列衰为价。如此则凡用一百二十四算也。

译文

又可以用另一种解法:列出5行的通率,为芝麻7、麦4、大豆3、黄米6,作为列衰。以芝麻1斗成行,大豆4斗,正数;小豆3斗,负数,分别以它们的率乘,之后令同号相加,异号相减,余数作为除数。又列出下方的实乘列衰,所得分别作为被除数。这里被除数约简除数,不再乘列衰,分别以列衰作为价格。这样计算下来,共用了124步。

卷第九　勾股

勾股①以御高深广远

今有勾三尺，股四尺，问：为弦几何？

答曰：五尺。

今有弦五尺，勾三尺，问：为股几何？

答曰：四尺。

今有股四尺，弦五尺，问：为勾几何？

答曰：三尺。

勾股短面曰勾，长面曰股，相与结角曰弦。勾短其股，股短其弦。将以施于诸率，故先具此术以见其源也。术曰：勾、股各自乘，并，而开方除之，即弦。勾自乘为朱方，股自乘为青方②。令出入相补，各从其类，因就其余不移动也，合成弦方之幂。开方除之，即弦也。又，股自乘，以减弦自乘。其余，开方除之，即勾。臣淳风等谨按：此术以勾、股幂合成弦幂。勾方于内，则勾短于股。令股自乘，以减弦自乘，余者即勾幂也。故开方除之，即勾也。又，勾自乘，以减弦自乘。其余，开方除之，即股。勾、股幂合以成弦幂，令去其一，则余在者皆可得而知之。

注释

①勾股：假设直角三角形的勾边为 a，股边为 b，弦边

为 c，则有：$a^2 + b^2 = c^2$。此为勾股定理。

②勾自乘为朱方，股自乘为青方：李潢在《九章算术细草图说》中证明了出入相补原理，如图 9 – 1。直角三角形 abc，勾边形成的正方形 $dbce$ 与股边形成的正方形 $fgba$ 出入相补，合成弦边形成的正方形 $ahic$。

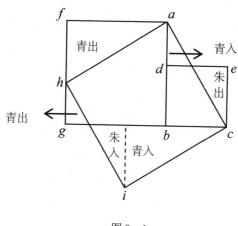

图 9 – 1

译文

勾股（刘徽注：用来处理高度、深度和距离的问题。）

现有直角三角形，勾 3 尺，股 4 尺，问：对应的弦是多少？

答：5 尺。

现有直角三角形，弦 5 尺，勾 3 尺，问：对应的股是多少？

答：4 尺。

现有直角三角形,股4尺,弦5尺,问:对应的勾是多少?

答:3尺。

勾股(刘徽注:在直角三角形中,短边为勾,长边为股,与它们分别形成角的边为弦。勾比股短,股比弦短。要将定理用于各率的问题中,因此先提出该定理以阐明来源。)定理:勾、股各自相乘,相加,作开方,即得弦。(刘徽注:勾自乘为红色方形,股自乘为青色方形。令它们按照各自的情况,盈虚出入相补,其余部分不移动,合成了以弦为边的正方形。它的面积数作开方,即为弦。)又,股自乘,以它减弦自乘,余数作开方,即为勾。(李淳风注:本定理以勾、股的幂合成弦幂。勾形成的方形在内,所以勾比股短。令股自乘,以它减弦自乘,余数即为勾幂。所以作开方,即为勾。)又,勾自乘,以它减弦自乘,余数作开方,即为股。(刘徽注:勾、股幂合成弦幂,如果去掉其中之一,就可以得知余下的那个。)

今有圆材,径二尺五寸。欲为方版①,令厚七寸,问:广几何?

答曰:二尺四寸。

术曰:令径二尺五寸自乘,以七寸自乘,减之。其余,开方除之,即广。此以圆径二尺五寸为弦,版厚七寸为勾,所求广为股也。

今有木长二丈，围之三尺。葛生其下②，缠木七周，上与木齐。问：葛长几何？

答曰：二丈九尺。

术曰：以七周乘围为股，木长为勾，为之求弦。弦者，葛之长。据围广，求纵为木长者其形葛卷裹衺。以笔管，青线宛转，有似葛之缠木。解而观之，则每周之间自有相间成勾股弦。则其间葛长，弦。七周乘围，并合众勾以为一勾；木长而股，短，术云木长谓之股，言之倒。勾与股求弦，亦无围，弦之自乘幂出上第一图③。勾、股幂合为弦幂，明矣。然二幂之数谓倒在于弦幂之中而已，可更相表里④，居里者则成方幂，其居表者则成矩幂⑤。二表里形诡而数均。又按：此图勾幂之矩青，卷白表，是其幂以股弦差为广，股弦并为衺，而股幂方其里。股幂之矩青，卷白表，是其幂以勾弦差为广，勾弦并为衺，而勾幂方其里。是故差之与并用除之，短、长互相乘也。

注释

①版：同"板"。

②葛：多年生草本植物，茎可编篮做绳，纤维可织布，块根肥大，称"葛根"。

③图已佚。

④表：外。里：内。

⑤居里者则成方幂，其居表者则成矩幂：居于内侧的可成为正方形的幂，居于外侧的可成为曲矩形的

幂。如图 9-2。

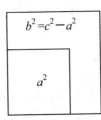
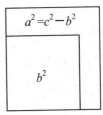

图 9-2

译文

现有圆形木材,横截面直径 2 尺 5 寸。想要制成方板,厚度 7 寸,问:宽是多少?

答:2 尺 4 寸。

解法:令直径 2 尺 5 寸自乘,减去 7 寸自乘,余数作开方,即为宽。(刘徽注:这里以圆的直径 2 尺 5 寸为弦,板厚 7 寸为勾,所求宽为股。)

现有树高 2 丈,周长 3 尺。葛生长在它的根部,绕树 7 周,顶端与树相齐。问:葛长多少?

答:2 丈 9 尺。

解法:以 7 周乘周长作为股,树高作为勾,求弦。弦,就是葛的长。(刘徽注:根据围广,求纵为树高,形为各卷裹的长。葛缠绕木,就像笔管上用青线宛转缠绕。解开观察,每周之间都分别形成勾股弦。其间葛长就是弦。7 周乘周长,将众勾合成 1 个勾;树高作为股,但比勾短,题目说树高为股,实际上是说颠倒了。已知勾、股求弦,是不存在围的情况,弦的自乘幂出于上面第一图。勾、股幂合成弦幂,很明显。然而二幂颠倒于弦幂之中,它们可互为内外,居于内侧的可成为正方形的幂,居于外侧的可成为曲矩形的幂。两种内外情况形状不同但数值相同。此图中勾幂是青色曲矩形,卷曲在白色股幂外面,它的幂以股弦差作为宽,股弦和作为长,而股幂是居于内侧的正方形。如果股幂是青色曲矩形,卷曲在白色勾幂外面,它的幂以勾弦差作为宽,勾弦和作为长,而勾幂是居于内侧的正方形。所以,勾弦或股弦的差与和,是用其除短、长互相乘。)

今有池方一丈,葭生其中央①,出水一尺。引葭赴岸,适与岸齐。问:水深、葭长各几何?

答曰:水深一丈二尺,葭长一丈三尺。

术曰:半池方自乘,此以池方半之,得五尺为勾,水深为股,葭长为弦。以勾、弦见股,故令勾自乘,先见矩幂也。以出水一尺自乘,减之。出水者,股弦差。减此差幂于矩幂则除之。余,倍出水除之,即得水深。差为矩幂之广,水深是股。今此幂得出水一尺为长,故为矩而得葭长也。加出水数,得葭长。臣淳风等谨按:此葭本出水一尺,既见水深,故加出水尺数而得葭长也。

333

今有立木，系索其末，委地三尺。引索却行，去本八尺而索尽。问：索长几何？

答曰：一丈二尺六分尺之一。

术曰：以去本自乘，此以去本八尺为勾，所求索者，弦也。引而索尽、开门去阘者②，勾及股弦差，同一术。去本自乘者，先张矩幂。令如委数而一。委地者，股弦差也。以除矩幂，即是股弦并也。所得，加委地数而半之，即索长。子不可半者，倍其母。加差者并，则两长。故又半之。其减差者并，而半之，得木长也。

今有垣高一丈，倚木于垣，上与垣齐。引木却行一尺，其木至地。问：木长几何？

答曰：五丈五寸。

术曰：以垣高一十尺自乘，如却行尺数而一。所得，以加却行尺数而半之，即木长数。此以垣高一丈为勾，所求倚木者为弦，引却行一尺为股弦差。为术之意与系索问同也。

今有圆材埋在壁中，不知大小。以锯锯之，深一寸，锯道长一尺。问：径几何？

答曰：材径二尺六寸。

术曰：半锯道自乘，此术以锯道一尺为勾，材径为弦，锯深一寸为股弦差之一半，锯道长是半也。臣淳风等谨按：下锯深得一寸为半股弦差。注云为股弦差者，锯道也。如深寸而一，以深寸增之，即材径。亦以半增。如上术，本当半之，今此皆同半，故不复半也。

今有开门去阃一尺,不合二寸。问:门广几何?

答曰:一丈一寸。

术曰:以去阃一尺自乘。所得,以不合二寸半之而一。所得,增不合之半,即得门广。此去阃一尺为勾,半门广为弦,不合二寸以半之,得一寸为股弦差。求弦,故当半之。今次以两弦为广数,故不复半之也。

注释

①葭:初生的芦苇。

②阃kǔn:门槛,门限。

译文

现有池,边长1丈。芦苇生长在池中央。露出水面1尺。把芦苇拉向岸边,正好与岸相齐。问:水深、芦苇长各是多少?

答:水深1丈2尺,芦苇长1丈3尺。

解法:池的边长取半自乘,(刘徽注:这里以池的边长取半,得到5尺作为勾,水深作为股,芦苇长度作为弦。以勾、弦求股,所以令勾自乘,先求它的矩幂。)减去露出水面的1尺自乘。(刘徽注:露出水面的长度是股弦差。勾的矩幂减去股弦差的幂,再除。)余数,除以露出水面长度的2倍,即得水深。(刘徽注:股弦差为矩幂的宽,水深是股。使这个幂得出水1尺作为长,所以它作为矩而得到芦苇的长。)加上露出水面的长度,得到芦苇的长度。(李淳风注:这里芦苇露出水面1尺,已经求出水深,所以加上露出水面的长度就是芦苇的长度。)

现有直立的木柱,在顶端系一根绳索,拖到地上3尺。拉着绳索后退,离开木柱8尺绳索正好用完。问:绳索长多少?

答:1丈2$\frac{1}{6}$尺。

解法:离开木柱的距离自乘,(刘徽注:这里以距离木柱的8尺作为勾,所求绳索的长度为弦。引而索尽、开门去阃的题目,都是已知勾和股弦差,使用同一解法。离开木柱的距离自乘,先求勾的矩幂。)除以拖到地上的绳索长度。(刘徽注:拖到地上的长度,就是股弦差。除勾的矩幂,即为股弦和。)所得数加拖到地上的绳索长度,取半,即为绳索的长度。(刘徽注:如果分子不能取半,就将分母加倍。股弦和加股弦差,是两个绳索长。所以取半。股弦和减去股弦差,取半,得到木柱的高。)

现有墙高1丈,一根木柱倚靠墙,顶端与墙相齐。拉着木柱后退1尺,木柱沿着墙倒地。问:木柱长多少?

答:5丈5寸。

解法:以墙高10尺自乘,除以后退的尺数。所得数加后退的尺数,取半,即为木柱长度。(刘徽注:这里以墙高1丈作为勾,所求倚靠在墙上的木柱长度作为弦,后退1

尺为股弦差。题目的意义与木柱顶端系绳索问题一样。)

现有圆形木材埋在墙壁中,不知道木材的大小。用锯锯开一口,深1寸,锯道长1尺。问:木材直径是多少?

答:直径2尺6寸。

解法:锯道取半自乘,(刘徽注:此题以锯道1尺作为勾,木材直径作为弦,锯深1寸是股弦差的一半,锯道长也是一半。李淳风注:锯深1寸为股弦差的一半。注说股弦差就是锯道。)除以锯道深,加锯道深,即为木材直径。(刘徽注:也加股弦差的一半。如同上题,本应取半,现数都已经取半,所以不再重复取半了。)

现开门两扇,距离门槛1尺,没合上的宽度2寸。问:门的外宽是多少?

答:1丈1寸。

解法:以距离门槛1尺自乘,所得数除以没合上宽度的$\frac{1}{2}$,所得数加没合上的$\frac{1}{2}$宽度,即得门槛。(刘徽注:这里以距离门槛1尺作为勾,$\frac{1}{2}$门宽作为弦,没合上2寸取半,得1寸作为股弦差。求弦,所以应取半。现在以两弦作为宽度,所以不再重复取半。)

今有户高多于广六尺八寸,两隅相去适一丈①。

问：户高、广各几何？

答曰：广二尺八寸，高九尺六寸。

术曰：令一丈自乘为实。半相多，令自乘，倍之，减实。半其余，以开方除之。所得，减相多之半，即户广；加相多之半，即户高。令户广为勾，高为股，两隅相去一丈为弦，高多于广六尺八寸为勾股差。按图为位[2]，弦幂适满万寸。倍之，减勾股差幂，开方除之。其所得即高广并数。以差减并而半之，即户广；加相多之数，即高也。今此术先求其半。一丈自乘为朱幂四、黄幂一。半差自乘，又倍之，为黄幂四分之二，减实，半其余，有朱幂二、黄幂四分之一。其于大方者四分之一。故开方除之，得高广并数半。减差半，得广；加，得户高。

注释

①隅：角落。

②如图9-3。

图9-3

译文

现有门，高比宽多6尺8寸，两对角相距1丈。问：

门的高、宽各是多少?

答:宽2尺8寸,高9尺6寸。

解法:令1丈自乘作为实。高比宽多的长度取半,自乘,加倍,减实。余数取半,作开方。所得数减去$\frac{1}{2}$高宽差,即为门的宽;加$\frac{1}{2}$高宽差,即为门的高。(刘徽注:令门的宽作为勾,高作为股,两对角的距离1丈作为弦,高比宽多的6尺8寸作为勾股差。按照图形对比它们的位置,弦幂正好满10 000 寸²。加倍,减去勾股差幂,作开方。所得即为高和宽之和。以勾股差减高宽和,取半,即为门的宽。以勾股差减高宽和,即为门的高度。解法是先求它的$\frac{1}{2}$。1丈自乘为4个朱幂、1个黄幂。勾股差的$\frac{1}{2}$自乘,又加倍,为黄幂的$\frac{2}{4}$。减实,余数取半,有2个朱幂、黄幂的$\frac{1}{4}$。所以作开方,得到高宽和的$\frac{1}{2}$,$\frac{1}{2}$高宽和减去$\frac{1}{2}$高宽差,得到门的宽;$\frac{1}{2}$高宽和加$\frac{1}{2}$高宽差,得到门的高。)

又按:此图幂:勾股相并幂而加其差幂,亦减弦幂,为积。盖先见其弦,然后知其勾与股。今适等,自乘,亦各为方,合为弦幂。令半相多而自乘，倍之，又半并自乘，倍之，亦合为弦幂。而差数无者，此各自乘之，而与相乘数，各为门实。及股长勾短，同源而分流焉。假令勾、股各五，弦幂五十，开方除之，得七尺，有余一，不尽。假令弦十，其幂有百，半之为勾、股二幂，各得五十，当亦不可开。故曰：圆三、径一、方五、斜七，虽不正得尽理，亦可言相近耳。

译文

刘徽又注：此图中的幂：勾股和的幂加勾股差的幂，减去弦幂作为积。所以先求出弦，才得知勾与股。现勾、股相等，自乘，也各自成方形，合成弦幂。令勾股差的 $\frac{1}{2}$ 自乘，加倍，又令勾股和的 $\frac{1}{2}$ 自乘，加倍，也合成弦幂。如果勾股没有差，使它们分别自乘，或相乘，作为门的面积。与股长勾短题，同源分流。假令勾、股各 5，弦幂 50，作开方，得 7 尺，有余数 1，开不尽。假令弦 10，幂有 100，取半作为勾、股二幂，各得 50，应当不可开。所以说：周 3、径 1、方 5、斜 7，虽然没正好得到全部数理，也可以说是相近的。

其勾股合而自相乘之幂者，令弦自乘，倍之，为两弦幂，以减之。其余，开方除之，为勾股差。加于合而半，为股；减差于合而半之，为勾。勾、股、弦即高、广、斜。其出此图也，其倍弦为裹。令矩勾即为幂，得广即勾股差。其矩勾之幂，倍勾为从法，开之亦勾股差。以勾股差幂减弦幂，半其余，差为从法，开方除之，即勾也。

译文

　　如果是勾股和自相乘之幂，就令弦自乘，加倍，为2个弦幂，以勾股和自相乘之幂减。余数作开方，为勾股差。加于勾股和，取半，为股；减勾股和，取半，为勾。勾、股、弦即为门的高、宽、斜。画出图，它的弦的2倍为长。令矩勾为幂，求宽即为勾股差。如果是矩勾之幂，使勾加倍为从法，开方也得勾股差。以勾股差幂减弦幂，余数取半，勾股差为从法，作开方，即得勾。

　　今有竹高一丈，末折抵地，去本三尺。问：折者高几何？

　　答曰：四尺二十分尺之一十一。

　　术曰：以去本自乘，此去本三尺为勾，折之余高为股，以先令勾自乘之幂。**令如高而一。**凡为高一丈为股弦并之，以除此幂得差。**所得，以减竹高而半余，即折者之高也。**此术与系索之类更相返覆也。亦可如上术，令高自乘为股弦并幂，去本自乘为矩幂，减之，余为实。倍高为法，则得折之高数也。

译文

　　现有竹高1丈，末端折断，抵达地面距离根部3尺。问：折断后竹高多少？

答:$4\frac{11}{20}$尺。

解法:以抵达地面到根部的距离自乘,(刘徽注:这里距离竹根部 3 尺作为勾,折断后剩余的高作为股,先得到勾自乘之幂。)除以高,(刘徽注:高 1 丈作为股弦和,以它除勾幂得到股弦差。)所得数减竹高,余数取半,即为折断后竹的高。(刘徽注:本题与木柱顶端系绳索的题互为反覆。也可以像上题一样,令高自乘作为股弦和之幂,抵达地面到根部的距离自乘作为矩幂,以它减股弦和之幂,余数作为被除数,将竹高的 2 倍作为除数,计算则得到折断后的竹高。)

今有二人同所立,甲行率七,乙行率三。乙东行,甲南行十步而斜东北与乙会。问:甲、乙行各几何?

答曰:乙东行一十步半,甲斜行一十四步半及之。

术曰:令七自乘,三亦自乘,并而半之,以为甲斜行率。斜行率减于七自乘,余为南行率。以三乘七为乙东行率。此以南行为勾,东行为股,斜行为弦,并勾弦率七。欲引者,当以股率自乘为幂,如并而一,所得为勾弦差率。加并之半为弦率,以差率减,余为勾率。如是或有分,当通而约之乃定。术以同使无分母,故令勾弦并自乘为朱、黄相连之方。股自乘为青幂之矩,以勾弦并为裹,差为广。今有相引之直,加损同上。其图大体以两弦为裹,勾弦并为广。引横断其半为弦率。列用率七自乘者，勾弦并之率。故弦减之，余为勾率。同立处是中停也，皆勾弦并为率，故亦以勾率同其袤也。

置南行十步，以甲斜行率乘之，副置十步，以乙东行率乘之；各自为实。实如南行率而一，各得行数。南行十步者，所有见勾求见弦、股，故以弦、股率乘，如勾率而一。

译文

现有二人站在同一地点，甲的行率为 7，乙的行率为 3。乙向东行，甲向南行 10 步后斜向东北与乙会合。问：甲、乙各行多少步？

答：乙向东行 $10\frac{1}{2}$ 步，甲斜行 $14\frac{1}{2}$ 步与乙会合。

解法：令 7 自乘，3 也自乘，所得两数相加取半，作为甲斜行的率。7 自乘减去甲斜行率，余数作为甲向南行的率。以 3 乘 7 作为乙向东行走的率。（刘徽注：这里以南行的距离作为勾，向东行的距离作为股，斜行的距离作为弦，勾弦和率为 7。进一步讲，应当以股率自乘作为幂，除以勾弦和，所得为勾弦差率。加勾弦和，取半作为弦率，减去勾弦差率，余数作为勾率。如果有分数，应当通分、约分才能确定。本解法为了使不出现分母，令勾弦和自乘作为朱、黄相连的正方形。股自乘为青幂之矩，以勾弦和作为长，勾弦差作为宽。现将它们引申为长方形，增加、减损如上。图形大体以两弦作为长，勾弦作为宽。

印横线在它的一半切断,作为弦率。列出率 7 自乘,是由于它是勾弦和率。所以用它减去弦率,余数为勾率。甲乙共同站立的地方是中间位置,都以勾弦和建立率,所以也使勾率和它等长。)列出南行的 10 步,乘以甲斜行的率,再列出 10 步,乘以乙东行的率,分别作为实。除以南行的率,得到行走的步数。(刘徽注:南行 10 步,是已知的勾,求弦、股,所以分别乘以弦率、股率,除以勾率。)

今有勾五步,股十二步。问:勾中容方几何?

答曰:方三步十七分步之九。

术曰:并勾、股为法,勾、股相乘为实。实如法而一,得方一步。勾、股相乘为朱、青、黄幂各二。令黄幂袤于隅中,朱、青各以其类,令从其两径,共成修之幂:中方黄为广,并勾、股为袤。故并勾、股为法。幂图①:方在勾中,则方之两廉各自成小勾股,而其相与之势不失本率也。勾面之小勾、股,股面之小勾、股各并为中率,令股为中率,并勾、股为率,据见勾五步而今有之,得中方也。复令勾为中率,以并勾、股为率,据见股十二步而今有之,则中方又可知。此则虽不效而法,实有法由生矣。下容圆率而似今有、袤分言之,可以见之也。

注释

①如图 9 - 4。

图 9 – 4

译文

现有勾 5 步,股 12 步。问:直角三角形中容正方形的边长是多少?

答:边长 $3\dfrac{9}{17}$ 步。

解法:勾、股相加作为除数,勾、股相乘作为被除数。被除数除以除数,得到边长步数。(刘徽注:勾、股相乘之幂中含朱、青、黄幂各 2 个。令黄幂位于角,朱、青分别按照类别,它们的勾、股边与黄幂相拼,共同形成一个长方形;三角形中的正方形即黄幂作为宽,勾、股相加作为长。所以使勾、股相加作为除数。幂图形:正方形在直角三角形中,正方形的两边各自称为小三角形,相与的态势没有改变原本各边之间的率。勾边上的小勾、股,股边上的小勾、股分别相加作为中率,令股作为中率,勾、股相加作为率,根据已知的勾 5 步运用今有法则,得到中间正方形的边长。再令勾作为中率,勾、股相加作为率,根据已知的股 12 步运用今有法则,也得到中间正方形的边长。这里虽然没有效仿上面的方法,但被除数和除数却已经得出。下面的容圆的各率用今有法则和衰分法则求解,也可以证明。)

今有勾八步,股一十五步。问:勾中容圆径几何?

答曰:六步。

术曰:八步为勾,十五步为股,为之求弦。三位并之为法。以勾乘股,倍之为实。实如法,得径一步。勾、股相乘为图本体,朱、青、黄幂各二。倍之,则为各四。可用画于小纸,分裁斜正之会,令颠倒相补,各以类合,成修幂①:圆径为广,并勾、股、弦为袤。故并勾、股、弦以为法。又以圆大体言之,股中青必令立规于横广,勾、股又斜三径均。而复连规,纵横量度勾、股,必合而成小方矣。又画中弦以规除会,则勾、股之面中央小勾股弦:勾之小股、股之小勾皆小方之面,皆圆径之半。其数故可衰。以勾、股、弦为列衰,副并为法。以勾乘未并者,各自为实。实如法而一,得勾面之小股可知也。以股乘列衰为实,则得股面之小勾可知。言虽异矣,及其所以成法之实,则同归矣。则圆径又可以表之差并:勾弦差减股为圆径;又,弦减勾股并,余为圆径;以勾弦差乘股弦差而倍之,开方除之,亦圆径也。

①如图9-5。

图9-5

现有勾8步,股15步。问:直角三角形中容圆的直径是多少?

答:6步。

解法:8步作为勾,15步作为股,求对应的弦。三者相加作为除数,以勾乘股,加倍作为被除数。被除数除以除数,得到直径的步数。(刘徽注:勾、股相乘作为图形的本体,含朱、青、黄幂各2个。加倍,则为各4个。可将它们画在小纸上,分别沿着斜线和正线裁切,使它们颠倒相补,按类型共同合成一个长方形:圆的直径作为宽,勾、股、弦相加作为长。所以使勾、股、弦相加作为除数。以圆的整体来讲,股上的青幂必使圆规立于横宽上,过勾、股、弦三个半径相等的点。再连成圆,纵横量度勾、股,必定合成小的正方形。又画过圆心的中弦以观察交会情况,则勾、股的边上都有小勾股弦:勾上的小股、股上的小勾都是小正方形的边长,圆直径的一半。数值可以用衰分法则。以勾、股、弦作为列衰,在旁边相加作为除数。以勾分别乘未相加的勾、股、弦,作为被除数。被除数除以除数,得到勾边上的小股。以股乘列衰作为被除数,则得到股边上的小勾。说法虽然不同,但形成的被除数和除数,却是一样的。则圆的直径又可以用勾股弦的和差表示:勾弦差减股为圆的直径;又,弦减勾股和,余数为圆的直径;以勾弦差乘股弦差,再加倍,作开方,也是圆的直径。)

今有邑方二百步,各中开门。出东门一十五步有木。问:出南门几何步而见木?

答曰:六百六十六步大半步。

术曰:出东门步数为法,以勾率为法也。半邑方自乘为实,实如法得一步。此以出东门十五步为勾率,东门南至隅一百步为股率,南门东至隅一百步为见勾步。欲以见勾求股,以为出南门数。正合"半邑方自乘"者,股率当乘见勾,此二者数同也。

今有邑东西七里,南北九里,各中开门。出东门一十五里有木。问：出南门几何步而见木？

　　答曰：三百一十五步。

　　术曰：东门南至隅步数，以乘南门东至隅步数为实。以木去门步数为法。实如法而一。此以东门南至隅四里半为勾率，出东门一十五里为股率，南门东至隅三里半为见股。所问出南门即见股之勾。为术之意，与上同也。

　　今有邑方不知大小，各中开门。出北门三十步有木，出西门七百五十步见木。问：邑方几何？

　　答曰：一里。

　　术曰：令两出门步数相乘，因而四之，为实。开方除之，即得邑方。按：半邑方，令半方自乘，出门除之，即步。令二出门相乘，故为半方邑自乘，居一隅之积分。因而四之，即得四隅之积分。故为实，开方除，即邑方也。

译文

　　现有正方形城，边长200步，各在城墙的中间开门。出东门15步有树。问：出南门多少步能见到这棵树？

　　答：666 $\frac{2}{3}$ 步。

　　解法：出东门的步数作为除数，（刘徽注：以勾率作为除数。）城墙的半个边长自乘作为被除数，被除数除以除数得到所求步数。（刘徽注：这里以出东门15步作为勾率，东门向南至城墙角100步为已知的勾的步数。想要已知勾求股,作为出南门的步数。正是"城墙的半个边长自乘",是因为应当用股率乘已知的勾,这两者数值相同。)

现有长方形城,东西7里,南北9里,各在城墙的中间开门。出东门15里有树。问:出南门多少步能见到这棵树?

答:315步。

解法:东门向南至城墙角的步数,乘南门向东至城墙角的步数作为被除数。以树距离东门的步数作为除数。被除数除以除数。(刘徽注:这里以东门向南至城墙角 $4\frac{1}{2}$ 里作为勾率,出东门15里作为股率,南门向东至城墙角 $3\frac{1}{2}$ 作为已知的股。所问的出南门见树的步数即已知股相应的勾。题目的意义,与上题相同。)

现有正方形城,不知道大小,各在城墙的中间开门。出北门30步有树,出西门750步见到这棵树。问:城的边长是多少?

答:1里。

解法:令出北门的步数与出西门的步数相乘,乘以4,作为被除数。作开方,即得城的边长。(刘徽注:城的边长取半,自乘,除以出东门的步数,得到出南门的步数。令两个出门的步数相乘,为 $\frac{1}{2}$ 边长自乘,是城墙面积的 $\frac{1}{4}$。所以乘以4,即得全城面积。因此作为实,作开方,即得城的边长。）

　　今有邑方不知大小，各中开门。出北门二十步有木，出南门一十四步，折而西行一千七百七十五步见木。问：邑方几何？

　　答曰：二百五十步。

　　术曰：以出北门步数乘西行步数，倍之，为实。此以折而西行为股，自木至邑南一十四步为勾，以出北门二十步为勾率，北门至西隅为股率，半广数。故以出北门乘折西行股，以股率乘勾之幂。然此幂居半，以西行。故又倍之，合东，尽之也。并出南、北门步数，为从法，开方除之，即邑方。此术之幂，东西如邑方，南北自木尽邑南十四步之幂，各南北步为广，邑方为袤，故连两广为从法，并以为隅外之幂也。

译文

　　现有正方形城，不知道大小，各在城墙的中间开门。出北门20步有树，出南门14步，折向西行1 775步见到树。问：城的边长是多少？

　　答：250步。

　　解法：以出北门步数乘向西行步数，加倍，作为实。（刘徽注：这里以折向西行的步数作为股，从树到城南14步作为勾，以出北门20步作为勾率，北门至西北角的步

数作为股率，为城的 $\frac{1}{2}$ 边长。因此以出北门的步数乘折
向西的步数，即股率乘勾的幂。然而这个幂只有一半，因
为是向西行。所以加倍，与东边的一半合在一起，就是整
个幂。)出南门、北门的步数相加，作为从法，作开方，即为
城的边长。（刘徽注：本题中的幂，城东西和城的边长相
等，南北从树到城南 14 步。分别以出南、北门步数作为
宽，城的边长作为长，所以以两个宽的和作为从法，相加，
作为城外的幂。）

今有邑方一十里，各中开门。甲、乙俱从邑中央而
出：乙东出；甲南出，出门不知步数，斜向东北，磨邑隅，
适与乙会。率：甲行五，乙行三。问：甲、乙行各几何？

答曰：甲出南门八百步，斜东北行四千八百八十
七步半，及乙。乙东行四千三百一十二步半。

术曰：令五自乘，三亦自乘，并而半之，为斜行率；
斜行率减于五自乘者，余为南行率；以三乘五为乙东
行率。求三率之意与上甲乙同。置邑方，半之，以南行率乘
之，如东行率而一，即得出南门步数。今半方，南门东至隅
五里。半邑者，谓为小股也。求以为出南门步数。故置邑方，半之，以
南行勾率乘之，如股率而一。以增邑方半，即南行。"半邑"者，

谓从邑心中停也。**置南行步，求弦者，以斜行率乘之；求东行者，以东行率乘之，各自为实。实如法，南行率，得一步。**此术与上甲乙同。

译文

现有正方形城，边长 10 里，各在城墙的中间开门。甲、乙都从城的中心出发：乙向东出；甲向南出，出门不知走了多少步，斜向东北，擦着城的东南角，正好与乙相会。行率：甲 5，乙 3 。问：甲、乙各行了多少步？

答：甲出南门 800 步，斜向东北行 4 887 $\frac{1}{2}$ 步，与乙相会。乙向东行 4 312 $\frac{1}{2}$ 步。

解法：令 5 自乘，3 也自乘，相加取半，作为甲的斜行率；5 自乘后减去甲的斜行率，余数为甲向南行的率；以 3 乘 5 作为乙向东的行率。（刘徽注：求三率的意义与上面甲乙同立题相同。）列出城的边长，取半，乘以甲向南的行率，除以乙向东的行率，即得甲出南门的步数。（刘徽注：现城边长的 $\frac{1}{2}$，是南门向东至城的东南角，即 5 里。边长的 $\frac{1}{2}$，称为小股。求出南门的步数。所以列出城的边长，取半，乘以甲向南行的勾率，除以股率。）加城的 $\frac{1}{2}$ 边长，即甲向南行的步数。(刘徽注:"边长的$\frac{1}{2}$",是因为从城中心出发的。)列出甲向南行的步数,求弦,就乘以甲的斜行率;求乙向东行的步数,就乘以乙向东的行率,分别作为被除数。被除数除以除数,即甲向南行的率,就得到走的步数。(刘徽注:本题与上面甲乙同立的问题意义相同。)

今有木去人不知远近。立四表,相去各一丈,令左两表与所望参相直。从后右表望之,入前右表三寸①。问:木去人几何?

答曰:三十三丈三尺三寸少半寸。

术曰:令一丈自乘为实,以三寸为法,实如法而一。此以入前右表三寸为勾率,右两表相去一丈为股率,左右两表相去一丈为见勾。所问木去人者,见勾之股。股率当乘见勾,此二率俱一丈,故曰自乘之。以三寸为法。实如法得一寸。

今有山居木西,不知其高。山去木五十三里,木高九丈五尺。人立木东三里,望木末适与山峰斜平②。人目高七尺。问:山高几何?

答曰:一百六十四丈九尺六寸太半寸。

术曰:置木高,减人目高七尺,此以木高减人目高七尺,余有八丈八尺,为勾率。去人目三里为股率,山去木五十三里为见股,以求勾。加木之高,故为山高也。余,以乘五十三里为实。以人去木三里为法。实如法而一。所得,加木高,即山高。此术勾股之义。

今有井,径五尺,不知其深。立五尺木于井上,从木末望水岸,入径四寸③。问:井深几何?

答曰:五丈七尺五寸。

术曰:置井径五尺,以入径四寸减之,余,以乘立木五尺为实。以入径四寸为法。实如法得一寸。此以入径四寸为勾率,立木五尺为股率,井径之余四尺六寸为见勾。问井深者,见勾之股也。

注释

①如图9-6。

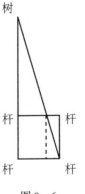

图9-6

②如图 9 – 7 。

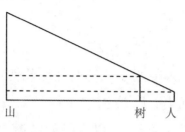

山　　　　　　　　　　树　人

图 9 – 7

③如图 9 – 8 。

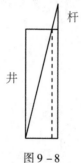

杆

井

图 9 – 8

译文

现有树,与人的距离不知道是多少。立 4 根杆,分别相距 1 丈,令左边 2 根杆与所望的树三者在一条直线上。从后面右侧的杆望树,视线在前面右侧的杆偏左 3 寸。问:树与人的距离是多少?

答:33 丈 3 尺 3 $\frac{1}{3}$ 寸。

解法:令 1 丈自乘作为被除数,以 3 寸作为除数,被除数除以除数。(刘徽注:这里以前面右侧的杆偏左 3 寸作为勾率,右侧两杆相距 1 丈作为股率,左右两杆相距 1 丈为已知的勾。所求树与人的距离,是已知勾求股。应当用股率乘已知的勾,两者都是 1 丈,所以说是自乘。以 3 寸作为除数。被除数除以除数,得到树与人的距离的寸数。)

现有山位于树的西方,不知道高度。山距离树 53 里,树高 9 丈 5 尺。人站在树东边 3 里,望树梢与山峰斜平。人眼的高度 7 尺。问:山的高度是多少?

答:164 丈 9 尺 6 $\frac{2}{3}$ 寸。

解法:令列出树高,减去人眼的高度 7 尺,(刘徽注:这里以树高减去人眼高度 7 尺,余数 8 丈 8 尺,作为勾率;树距离人眼 3 里作为股率;山距离树 53 里为已知的股,求勾。加上树高,即为山高。)余数,乘 53 里作为被除数。以人距离树 3 里作为除数。被除数除以除数。所得数加上树高,即为山高。(刘徽注:本题具有勾股定理的意义。)

现有井,直径 5 尺,不知道深度。在井上立一根 5 尺木杆,从木杆顶端望水岸,视线截入直径 4 寸。问:井的深度是多少?

答:5 丈 7 尺 5 寸。

解法:列出井的直径 5 尺,减去截入直径的 4 寸,余数,乘以木杆5尺作为被除数。以截入直径的4寸作为除数。被除数除以除数得井深的寸数。(刘徽注:这里以截入直径4寸作为勾率,立木杆5尺作为股率,井的直径的余数4尺6寸为已知的勾。问井的深度,是已知勾求股。)

今有户不知高、广,竿不知长短。横之不出四尺,纵之不出二尺,斜之适出。问:户高、广、斜各几何?

答曰:广六尺,高八尺,斜一丈。

术曰:纵、横不出相乘,倍,而开方除之。所得,加纵不出,即户广;此以户广为勾,户高为股,户斜为弦。凡勾之在股,或矩于表,或方于里。连之者举表矩而端之。又从勾方里令为青矩之表,未满黄方。满此方则两端之斜重于隔中,各以股弦差为广,勾弦差为袤。故两端差相乘,又倍之,则成黄方之幂。开方除之,得黄方之面。其外之青知,亦以股弦差为广。故以股弦差加,则为勾也。加横不出,即户高;两不出加之,得户斜。

译文

现有门不知道高和宽,竿不知道长短。横着持竿,多4尺不能出门,纵着持竿,多2尺不能出门,斜着正好可以出门。问:门高、宽、对角线各是多少?

答:宽6尺,高8尺,对角线1丈。

　　解法:纵、横多于门的尺数相乘,加倍,作开方。所得数,加上纵向多于门的尺数,即为门宽;(刘徽注:这里以门宽作为勾,门高作为股,门对角线作为弦。勾对于股,有时在股的外侧形成曲矩形,有时在内侧形成正方形。将它们连起来考察曲矩形两端的情况。又把内侧的正方形变为外侧的青色曲矩形,未能填满黄色方形。填满黄色正方形即曲矩形两端的余数在弦方的两角与股矩相重合,分别以股弦差作为宽,勾弦差作为长。所以两端差相乘,加倍,成为黄色正方形的幂。作开方,得到黄色正方形的边长。它外侧的青色曲矩形,也以股弦差作为宽。所以加上股弦差,则为勾。)加上横向多于门的尺数,即为门高;加上横、纵两向多于门的尺数,得到门的对角线长。